Modélisation par équation structurelle: Théorie et application

JONATHAN SARWONO

Droits d'auteur © 2018 Jonathan Sarwono

Tous les droits sont réservés.

ISBN: 9781730767456
ISBN-13: 9781730767456

Publié par: Amazon.com, Inc. 410 Terry Avenue North Seattle, Washington 98109 États-Unis

DÉVOUEMENT
Pour Regina Tiatira Fortuna Buwana & Chloe Andrea

CONTENU

Remerciements

1 Principes de base de CB SEM — 1

2 Modèles CB SEM General — 18

3 Application de CBSEM 1: — 26

   Modèle endogène - un exogène

4 Application de CBSEM 2: — 46

   Un exogène - intervenant - modèle endogène

5 Application de CBSEM 3: — 65

   Un exogène - endogène - modèle de modération

6 Principes de base de PLS SEM — 81

7 PLS modèles SEM relation de variables de base — 92

8 Application de PLSSEM 1: — 94

   Modèle endogène - un exogène

9 Application de PLSSEM 2: — 122

   Modèle endogène intervening- un exogène

10 Application de PLSSEM 3: — 140

   Un exogène - endogène - modèle de modération

11 Les différences et les similitudes entre CBSEM et PLSSEM — 158

REMERCIEMENTS

Modélisation par équation structurelle est une procédure statistique très célèbre parmi les étudiants de l'université, des chercheurs et des enseignants. Néanmoins, il est difficile d'appliquer cette procédure dans notre recherche en raison des exigences plus complexes. Dans ce livre, l'auteur explique comment utiliser deux types de procédure modélisation par équation structurelle (SEM), à savoir Covariance Based modélisation par équation structurelle (CB SEM) et partielle des moindres carrés à base de modélisation par équation structurelle (PLS SEM). Pour faciliter le calcul de la CB SEM est calculée en utilisant LISREL et le PLS SEM est calculée à l'aide SmartPLS.

Je suis reconnaissant d'Amazon qui me permet de diffuser mes idées en ce qui concerne les statistiques. La seule chose qui est souvent évité par les étudiants. Par conséquent, j'essaie d'écrire quelque chose qui est en fait difficile de devenir quelque chose qui est facile et intéressant.

.

Bandung, Novembre 2008
Jonathan S.

CHAPITRE 1
CBSEM BASICS

1.1 Définition

Quelle est la modélisation d'équations structurelles (SEM)? Bentler cité par Byrne (2001) SEM est une méthodologie statistique en utilisant une approche de confirmation dans les tests d'hypothèses sur l'analyse multivariée de la théorie structurale basée sur certains phénomènes. En règle générale, cette théorie présente l'observation de la génération de traitee relation de cause à effet de plusieurs variables. En outre, selon Byrne, SEM contient deux aspects des procédures importants: le processus de relation causale dans l'étude représentée par l'équation structurelle, à savoir le coefficient de régression et une telle relation structurelle peut être décrit dans un modèle de clarifier la conceptualisation théorique. Ce modèle hyphothesized peut être testé statistiquement dans les analyse simultanée de l'ensemble du système des variables afin de déterminer dans quelle mesure le modèle est pratique avec les données. Lorsque la qualité de l'ajustement du modèle a été rempli, de sorte que le modèle doit être en mesure de présenter la faisabilité de la relation de variable proposée. De ce point, Byrne définit SEM comme méthode d'analyse populaire qui permet d'examiner différents modèles qui peuvent expliquer la structure de données.

Alors que Holmes - Smith (2000) dans Le Sage Dictionnaire de la recherche en gestion quantitative (2011) définit SEM comme une méthode d'analyse qui permet d'améliorer et d'autres méthodes complètes, telles que la régression linéaire multiple et l'analyse du chemin. En outre, SEM permet de faire la distinction entre les variables latentes et variables manifestes. Il peut également estimer le défaut de base dans la mesure liée à des variables manifeste. Il peut d'ailleurs aussi permet une pondération inégale de plusieurs indicateurs de la construction ou des variables latentes.

En outre, des cheveux (2010) définit SEM comme l'une des procédures statistiques utilisées pour expliquer la relation entre les variables. Pour expliquer la relation SEM examine la structure de la relation exprimée à l'aide de plusieurs équation similaire régression linéaire multiple. L'équation définit la relation entre les variables latentes Laten utilisées dans l'analyse. Une différence de bits avec la définition précédente, Crammer et Howitt (2006) définit SEM comme « un ensemble sophistiqué et complexe des procédures statistiques qui peuvent être utilisées pour effectuer l'analyse des facteurs de confirmation et l'analyse du chemin sur les variables quantitatives. Elle permet l'ajustement statistique des modèles décrivant la relation entre les variables à déterminé. De toutes les définitions, l'auteur conclut que SEM est une fonction technique d'analyse comme confirmation plutôt que d'explication.

1.2 Concepts de base
Les différences entre les variables latentes (variables non observées) et variables manifestes (variables observées)

Il existe deux types de variables vu de la façon dont le chercheur effectue une observation sur les variables qui sont en cours d'étude dans le cadre de la SEM, à savoir la variable non observée ou techniquement appelée comme variable latente et la variable observée ou techniquement appelée comme variable manifeste ou parfois appelé comme indicateur. La variable latente est une construction théorique qui ne peut être observée directement. Cette construction est un phénomène abstrait qui ne peut pas être mesuré directement; c'est la raison pour laquelle cette construction est appelée comme une variable latente ou il est également appelé en tant que facteur.

Comme la variable latente ne peut pas être mesuré directement, donc cette variable doit être définie concernant le plan opérationnel avec ses caractéristiques qui le représentent. Dans cette condition, la variable latente, alors, doit être associé à au moins une variable ou un indicateur manifeste. Par conséquent, cette variable latente peut être mesurée par l'indicateur. Dans la discussion, nous utiliserons le terme d'indicateur pour représenter la variable observée.

Cela signifie que l'indicateur est mesuré, la mesure que nous faisons va évaluer la variable latente qui est en fait une construction sous-jacente de l'indicateur que nous mesurons. La mesure directe peut être fait à l'indicateur en utilisant des questions dans le questionnaire, test, entrevue ou tout autre instrument de collecte de données connexes. Le résultat de la mesure est appelée comme les valeurs de mesure.

Ceci est la raison pour laquelle la variable observée est appelée comme la variable manifeste. Dans le contexte SEM cette fonction de variables comme un « indicateur » de la construction sous-jacente. C'est la raison pour laquelle cette variable est connue plus célèbre comme indicateur. Bien que la variable latente est aussi appelé construit ou facteur.

1.3 Bref historique

Si nous remontons l'histoire de la SEM, nous ne pouvons pas oublier la conclusion de Pearson qui a inventé la procédure de corrélation résultante la valeur du coefficient de corrélation qui devient alors la base de la régression linéaire. Dans la régression linéaire du coefficient de corrélation de Pearson est utilisé comme base de calcul du coefficient de détermination (R2) lorsque ce coefficient est la corrélation au carré de Pearson.

Quand on parle de la modélisation statistique, la régression linéaire est la première procédure utilisée en tant que modèle à deux valeurs principales, à savoir le coefficient de corrélation de Pearson et moins critères carrés utilisés pour calculer le poids de régression, plus connue sous le coefficient de régression. La fonction principale de la régression linéaire est de prédire la valeur de la variable dépendante (Y) sur la base de la valeur de la variable indépendante (X) qui repose sur la relation linéaire des variables X et Y en minimisant la somme de l'erreur résiduelle en utilisant l'équation d'algèbre de Y = a + b x. Plus tard, la procédure utilise SEM coefficient de régression non normalisé dérivé de cette équation. En conclusion, SEM a été inspiré par cette équation de régression linéaire.

En plus de la régression linéaire, une autre procédure contribue au développement SEM est l'analyse factorielle inventé par Charles Spearman. Spearman, dans son expérience, utilise le coefficient de corrélation pour déterminer la relation entre les variables qui est ensuite comme un modèle de facteur. Lors de son procès, Spearman utilise un ensemble d'éléments mettant en corrélation où la réponse à ces éléments peut se résumer dans une certaine valeur qui peut être utilisée pour mesurer, définir ou déduire une construction qui est alors dans le contexte SEM est appelé comme une variable latente . Ces plusieurs éléments se corrèlent les uns des autres, alors, sont connus comme des indicateurs qui construisent la variable latente. Charles Spearman est la première personne Callin comme l'analyse des facteurs. Sa conclusion est renforcée par l'invention de Thrustone qui développe l'application du modèle de facteur et propose l'instrument qui peut générer les valeurs d'observation qui peuvent être utilisés pour déduire la construction. Ainsi, l'analyse des facteurs peut être conclu que le deuxième modèle a précédé la modélisation en SEM. Ensuite, la durée de l'analyse factorielle confirmatoire (CFA) est d'abord utilisé par Howe, Anderson, Rubin et Lawley. Par la suite, CFA a été sérieusement mis au point en 1960 par Karl Joreskog pour tester un ensemble d'éléments qui peuvent être définis comme une construction.

La troisième modélisation qui donne contribution significative à la SEM est un modèle de trajet développé par Sewell Wright, qui est plus tard connu comme l'analyse du chemin utilisé pour fabriquer le modèle relation de variables observées de manière séquentielle dans le but d'élucider le modèle de corrélation dans le modèle de relation directe et indirecte. Dans l'analyse du chemin, le coefficient de corrélation est utilisée pour mesurer la corrélation entre les variables indépendantes qui est dans le contexte de l'analyse du chemin appelé en tant que variables exogènes et coffecient de régression standardisé est utilisé comme étant le poids de régression dont la fonction est de mesurer la relation entre les variables indépendantes (variables exogènes) et la variable dépendante (variable endogène) dans un certain schéma de trajet. Ceci, alors, est connu comme un coefficient de trajet à partir de la variable exogène à l'une endogène.

En conclusion, la procédure SEM fusionne essentiellement la régression linéaire, l'analyse des facteurs et des modèles d'analyse de chemin. Utilise coffecient de ETM régression non standardisé pour mesurer la relation entre les variables latentes et ses indicateurs. En d'autres termes, on peut dire que SEM adopte le schéma de chemin de l'analyse du chemin, les variables latentes de l'analyse des facteurs et la coffecient de régression non normalisé de la procédure de régression linéaire. À partir des modèles précédents, SEM présente le modèle de relation variable latente comme le modèle structurel et de la relation entre les variables latentes avec ses indicateurs comme le modèle measurment.

1.4 Analyse du facteur modèle dans SEM

procédure de facteur d'analyse sous-tend la procédure SEM en termes de la contribution du concept variable latente. Pour comprendre la variable latente dans l'analyse des facteurs, qui est en fait connu comme la construction latente ou un facteur, la recherche doit se concentrer sur la covariance d'un ensemble de variables. Il existe deux types de modèles, à savoir l'analyse factorielle exploratoire (EPT) et l'analyse des facteurs de confirmation (CFA). EFA est utilisé lorsque la relation de la variable latente et son indicateur ne sait pas encore. Par conséquent, l'analyse vise à trouver dans quelle mesure les indicateurs se rapportent au facteur (variable latente) qui sous-tend ces indicateurs. Afin de comprendre ce facteur, nous devrions être en mesure de faire des questions qui peuvent représenter les indicateurs qui reflètent le facteur qui sous-tend ces indicateurs. La relation entre les indicateurs et le facteur est représenté par une valeur appelée comme des charges de facteur. Alors que l'EPT est utilisé lorsque la relation entre le facteur (variable latente) et ses indicateurs est déjà connue. Cette relation peut être connue de la théorie ou les résultats des recherches empiriques antérieures.

La conclusion est que les deux EPT et CFA ne se concentrent sur dans quelle mesure les indicateurs se rapportent au facteur sous-jacent (variable latente). En d'autres termes, l'analyse des facteurs vise à quel point les indicateurs sont générés à partir du facteur sous-jacent. Voilà pourquoi, la mise au point de mesure est de voir la force du chemin de coefficient de régression (appelé comme facteur de charges) du facteur aux indicateurs. De cette compréhension, nous savons que le modèle dans l'analyse des facteurs doit être le reflet. La direction de la flèche doit être du facteur à ses indicateurs. Il sera plus clair si nous voyons l'image suivante.

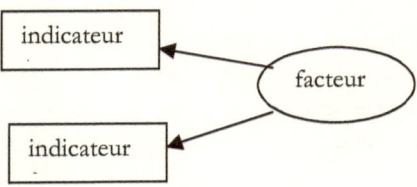

Parce que la mise au point de mesure est seulement sur la relation entre le facteur et ses indicateurs, il est alors appelé comme modèle de mesure dans le contexte SEM.

L'objectif de ce modèle est de faire correspondre entre le modèle hyphotesized avec les données disponibles où une condition idéale est qu'ils doivent être parfaitement adaptés. Néanmoins, cela ne se produira jamais dans la situation réelle. Voilà pourquoi il y a toujours une différence entre ces deux conditions. La différence est appelée résiduelle. La qualité de l'ajustement du modèle peut se résumer comme suit:

Données = Modèle + résiduel

Où:

- Données: Les données relatives à la variable étudiée dérivée de l'échantillon
- Modèle: représentant la structure hyphotesized reliant la variable latente avec ses indicateurs

- Résiduelle: représentant la différence entre le modèle hyphotesized avec les données disponibles.

Ainsi, le résidu provient de l'équation suivante:

Résiduel = le modèle hyphotesized - les données disponibles

Ce concept est le même avec la régression linéaire. Dans la régression linéaire, résiduelle est la différence entre les valeurs prédites et les données observées. La force de prédiction est une régression linéaire se trouve sur le montant du résidu. Les plus petites valeurs résiduelles de la prédiction plus précise seront. Alors que withi SEM les smalles les valeurs résiduelles, plus adapté au modèle hyphotesized avec les données observées.

1,5 relation de causalité dans SEM

relation causale signifie qu'il y a dépendance relation entre les deux variables ou plus, où un chercheur fait que, lorsque la spécification d'une ou plusieurs variables résultent de la production qui est représenté par au moins une autre variable. Afin de réaliser l'inférence de relation causale, il y a requiremements qui doivent être remplies:

- **support théorique**: La théorie utilisée dans la recherche devrait être en mesure de prouver qu'il ya relation de cause à effet entre les variables étudiées. En d'autres termes, le lien de causalité est inhérent à la théorie. Par exemple, en théorie, influence la satisfaction de la clientèle la qualité du service. Par conséquent, la variable de la qualité du service affecte la variable de la satisfaction des clients. Cela signifie que de façon empirique, il est prouvé qu'il ya relation occasionnelle entre ces deux variables, il n'a pas seulement à cause de l'inférence statistique, mais elle est due à l'appui de la théorie aussi bien.

- **covariation**: Le deuxième support est qu'il doit y avoir suffisamment existence systématique de la covariance entre la cause (variable indépendante) et la réponse (variable dépendante). Dans SEM cela doit être prouvé par le chercheur au point de pinte orderto la covariance significative entre une construction (variable latente) avec une autre construction.

- **Séquence**: la troisième est la preuve de la disponibilité de la séquence temporaire d'un événement. Il doit y avoir un événement précédé d'un premier événement. En ce qui concerne la qualité du service et la satisfaction du client, le client se sent satisfaite après que le vendeur améliore la qualité de service donné client concerné. Le premier événement est représenté par l'amélioration de la qualité du service et le prochain événement est la satisfaction du client. Dans SEM ce genre de relation doit se faire dans une recherche expérimentale ou celle longitudinale.

- **Non Spurious Covariance**: Quand il y a relation entre deux variables parasites, la relation de cause à effet n'est pas prouvé. Cela est dû à l'effet potentiel d'une autre variable. covariance Spurious se produit lorsque la relation des variables change en raison de l'existence de la variable étrangère.

1.6 Les usages

Les principales utilisations de la modélisation d'équation structurelle comprend:

1. modélisation causale trouvée dans l'analyse du chemin qui construit la relation de cause à effet temporaire en utilisant la séquence de variables sous forme de schéma de trajet.
2. Analyse factorielle confirmatoirequi utilise des charges de facteur pour montrer la relation de cause à effet entre la variable latente et ses indicateurs
3. l'analyse des facteurs de second ordre qui estvariété de l'analyse des facteurs de confirmation.
4. Des modèles de régression ce qui nous a une extension de l'analyse de régression linéaire, où le coefficient de régression est limité dans une.
5. modèles de structure de Covariance utilisé pour fabriquer un modèle hyphotesized indiquant que la matrice de covariance a une certaine forme.
6. modèles de structure de corrélation utilisés pour créer un modèle hyphotesized indiquant que la matrice de covariance a une certaine forme

Remarques: La différence entre la corrélation et la covariance est que la covariance est corrélation avec sa variabilité représentée en écart-type. Ainsi, la covariance de deux variables de X et Y peut être indiqué dans l'équation suivante:

$Cov_{xy} = R_{xy} SDx\, sdy$

Où:

Cov_{xy} = Covariance des variables x et y

Dakota du Sud$_X$ = Écart-type de la variable x

Dakota du Sud$_y$ = Écart-type de la variable y

rxy = Corrélation des x et les variables y

Ainsi covariance est la corrélation entre les deux variables avec sa variabilité. Covariance est les principales statistiques de SEM. Par conséquent, l'objectif de la SEM est de comprendre le modèle de covariance dans un ensemble de variables étudiées.

1.7 Hypothèse sous-jacente

Les hypothèses sous-jacentes de SEM sont les suivantes:

- **Distribution normale:** les données utilisées doivent être normalement distribués

- **linéarité**. Il doit y avoir une relation linéaire entre la variable latente et ses indicateurs et de l'autre variable latente

- **récursivité:** le modèle récursif montre toutes les flèches dans une direction, il n'y a pas de retour en boucle. Ce qui signifie que toutes les flèches sont de la variable exogène (variable indépendante) à la variable endogène (variable dépendante)

- **données à l'échelle d'intervalle:** les données utilisées doivent être échelle d'intervalle ou de rapport

- **termes d'erreur décorrélés**: Telle qu'elle est en régression linéaire, le terme d'erreur / terme de perturbation ne peut pas en corrélation avec la variable indépendante.

- **Multi - colinéarité:** il ne doit pas se produire multicollinéarité entre les variables indépendantes (les variables exogènes). Cela signifie qu'il ne doit pas être très élevé ou très faible corrélation entre les variables indépendantes

- **Sampel Taille:** grand échantillon est nécessaire SEM. Minimalement avec la tolérance d'erreur de 5% avec les échantillons autant que 300 - 400.

1.8 Indice de Qualité de l'ajustement

L'indice de qualité de l'ajustement dans SEM se compose de plusieurs valeurs; Néanmoins, nous pouvons diviser en deux catégories: la bonté absolue et supplémentaire de l'ajustement.

Indice absolu de qualité de l'ajustement

L'indice absolu de qualité de l'ajustement se compose de Chi Square, Qualité de l'ajustement Index (GFI), Root Mean Square erreur d'approximation (AEMQ), Root Mean Square résiduel (TMR), normalisé Root Mean résiduel (SRMR) et Normed Chi place.

- **Chi Carré ($\chi 2$)**: Cette valeur est la bonté la plus fondamentale de l'ajustement (GOF) dans SEM. La valeur idéale est inférieure à 3. Plus le meilleur modèle que nous faisons.
- **La bonté de l'indice en forme (GFI)**: Cette valeur est utilisée pour mesurer la quantité relative de la variance et covariance avec la plage de 0 - 1. Lorsque la valeur approche 0, le modèle est loin d'être en forme; tandis que la valeur se rapproche du modèle 1 montre un meilleur ajustement.
- **Root Mean Square erreur d'approximation (RMSEA)**: Cette fonction de valeur en tant que critères pour faire la modélisation de la structure de covariance en considérant l'erreur approche de la population. Le modèle est bon lorsque cette valeur est ≤ 0,05; modérée lorsque ≤ 0,08. Selon Hair (2010) RMSEA valeur idéale est comprise entre 0,03 et 0,08 avec l'intervalle de confiance jusqu'à 95%.
- **Root Mean Square résiduel (TMR) et** Racine normalisée résiduelle moyenne (de SRMR): la moyenne du résidu normalisé. Ces valeurs sont utilisées pour comparer plusieurs modèles. La valeur est comprise entre TMR 0 - 1. un bon modèle a la valeur RMR <0,05. Plus les valeurs, plus le modèle est.
- **Normé Chi place**: Tel est le rapport de chi carré ($\chi 2$) contre Degré de liberté (DF). Le rapport est de 3: 1

Indice supplémentaire de qualité de l'ajustement

Ce qui suit est l'indice supplémentaire de qualité de l'ajustement

- **Rapport critique**: Ratio de certains écart par rapport à la moyenne de l'écart type. Cette valeur est obtenue à partir estimation des paramètres divisé par l'erreur standard. La valeur de CR est de 1,96 pour le poids de régression avec le niveau de signification jusqu'à 0,05 pour le chemin coeffecient. Lorsque la valeur de CR> 1,96 ainsi covariances du facteur ont relation significative

- **Coefficient Standard:** lorsque le coefficient de structure est standardiezed, par exemple 1; de sorte que la variable endogène latente augmentera autant que 1

- **Erreur de mesure:** pour un bon modèle l'erreur de mesure est 0.

- **Régression Poids:** poids de régression est 1, et ne peut pas être 0, s'il y a un signe de « $ », il est aléatoire

- **Modèle Spécification**: Spécification du modèle avec la valeur constante de 1
- *Maximum Estimation de vraisemblance* (MLE): MLE sera efficace avec l'échantillon de plus de 2500.

- **Niveau de signification**/ Probabilité (valeur P). la valeur de p doit être inférieur à 0,05 pour montrer la relation entre une variable à une autre variable est significative

- **Construire la fiabilité)**: La valeur minimale de la fiabilité de la construction est de 0,70 pour les chargements de facteurs

- **Extrait Variance:** cette valeur est utilisée pour effectuer d'autres tests d'hypothèses avec la valeur minimale jusqu'à 0,5. Plus la valeur plus fiable est le résultat. La valeur maximale est 1.

- **Bonté ajusté de l'indice Fit (AGFI)**: La valeur de PAGF a la même fonction avec GFI. La différence réside dans l'ajustement du degré de liberté de la valeur (DF). La valeur est égale à 0,9. La valeur qui est supérieure à 0,9 jusqu'à 1 montre la qualité de l'ajustement de l'ensemble du modèle.

- **L'échantillon minimum Divergence Fonction (CMNF):** la valeur CMNF est égale à la valeur Chi carré divisé par le degré de liberté (DF). Cette valeur est également appelée le chi carré par rapport jusqu'à 0,2 avec la tolérance inférieure à 0,3 pour montrer la qualité de l'ajustement du modèle et les données.

- **Tucker Lewis Index (TLI):** la valeur de TLI est de 0,95. La gamme de valeur TLI est de 0 jusqu'à 1

- *Index comparatif Fit* **(CFI)):** Nilai CFI mempunyai Kisaran Antara 0-1 dengan ketentuan jika nilai mendekati angka 1 modèle maka Yand dibuat mempunyai kecocokan yang sangat Tinggi Sedang jika nilai mendekati 0, modèle maka tidak mempunyai kecocokan yang baik. Nilai idealnya ialah ≥ 0,9

- **Index Parcimonie Fit:** Cette valeur est utilisée pour la qualité de l'ajustement du modèle. Le bon modèle a la valeur jusqu'à> 0,9. Cet indice est fondamentalement la même chose avec le R2 ajusté en régression linéaire.

- **Test de fiabilité:** Ce test vise à calculer la fiabilité du modèle montrant les indicateurs qui ont un bon degré d'ajustement du modèle dans une dimention.

- **Paramètre 0:** le paramètre zéro signifie qu'il n'y a pas de relation entre les variables observées. Le paramètre peut être estimée de façon aléatoire avec une valeur qui ne correspond pas à 0. Le paramètre fixe peut être estimée ne proviennent pas des données, par exemple 1. Bien que le paramètre libre est estimée à partir de l'échantillon qui devrait être supérieur à 0.

- **Sur la base de parcimonie indices Fit (de PGFI):** Les fonctions du modèle Parcimonie à prendre en compte la complexité du modèle hypothétique en relation avec la qualité de l'ajustement du modèle avec la valeur idéale est de 0,9

- **Normé Fit Index (de NFI):** La valeur de l'IFN varie de 0 à 1 dérivée du rapport entre le modèle hypothétique avec un modèle indépendant. La valeur idéale approche 1

- **Indice relatif de Fit (RFI):** Cette valeur est dérivée de la valeur NFI allant de 0 -1. Un bon modèle devrait avoir la valeur de 0,95

- **Index First Fit (de PRATIO):** Ce qui a trait au modèle parcimonie

- **Paramètre non-centralité (NCP)**: Paramètre fixe se rapportant au degré de liberté de fonctions (DF) pour mesurer la différence entre la matrice de covariance dans populasi avec l'échantillon. L'intervalle de confiance est jusqu'à 90% le PCN sera autour de 29,983 à 98,953.

- **La Croix Indice de validation prévue (de ECVI)**: Cette valeur est utilisée pour mesurer la mesure de la différence entre la matrice de covariance dans l'échantillon avec d'autres échantillons en utilisant la même taille de l'échantillon. La valeur ECVI est aléatoire.

- **N Critical Hoelter (CN)**: Il fonctionne de voir la taille de l'échantillon disponibilité. La taille de sampel doit être> 200.

- **Résiduel**: La différence entre la matrice de covariance du modèle et de l'échantillon. La différence est idéal 0.

1.9 Chemin Schéma

fonctions de diagramme de chemin en tant que moyen pour afficher le modèle de la relation entre les variables de l'étude. Dans SEM les variables étudiées devrait se compose au minimum d'une variable exogène latente avec deux ou plusieurs indicateurs et une variable endogène latente avec deux ou plusieurs indicateurs. Ce qui suit est un exemple du schéma de trajet SEM.

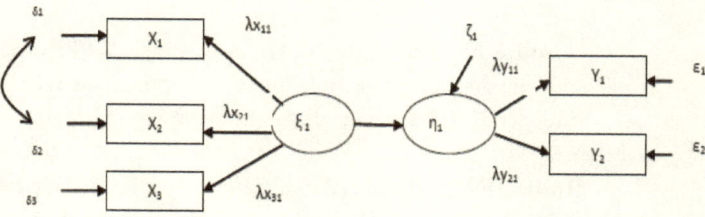

Le diagramme de chemin ci-dessus se compose de:

- Deux variables latentes, à savoir ξ_1 comme une variable exogène et η_1 comme une variable endogène.

- Il y a 5 variables manifestes (indicateurs), à savoir X1, X2, X3 et qui sont des indicateurs de ξ_1 ainsi que Y1 et Y2 qui sont des indicateurs de η_1.
- Il y a un terme résiduel, à savoir ζ_1 relative à la prévision de η_1
- Il y a terme d'erreur pour Y1 et Y2, à savoir ε_1 et ε_2 et il terme d'erreur pour X1, X2 et X3, à savoir δ_1, δ_2 et δ_3.
- Une façon de direction de la flèche à $\xi_1\eta_1$ montre que la variable latente exogène de ξ_1 affecte la variable latente endogène de η_1.
- Une route en direction de la flèche de ξ_1 à X1, X2 et X3, ainsi que de η_1 à Y1 et Y2 représentant de λ est le chemin de régression renvoyant l'effet de chaque variable latente à l'indicateur respectif.
- direction à double sens de la flèche de X1and X2 est covariance / corrélation entre les indicateurs de X1and X2

Les tableaux ci-dessous montrent comment nous utilisons les symboles SEM

Lettres grecques	Matrice	matrice élément	code de programme	Types Matrix
lambda X	Λx	Λx	LX	Régression
lambda Y	Λy	Λy	LY	Régression
Delta Theta	$\theta\delta$	$\Theta\delta$	TD	Écart / Covariance
Theta Epsilon	$\theta\varepsilon$	$\Theta\varepsilon$	TE	Écart / Covariance

Tableau 1. Tableau Matrice de mesure Modèle

(Source: Byrne, 2001)

Lettres grecques	Matrice	matrice élément	code de programme	Type de matrice
Gamma	Γ	Γ	Géorgie	Régression
Bêta	B	B	ÊTRE	Régression
Phi	Φ	Φ	PH	Écart / Covariance
psi	Ψ	Ψ	PS	Écart / Covariance
Xi / Ksi	---	ξ	---	Vecteur
Eta	---	$\dot\eta$	---	Vecteur
Zeta	---	ζ	---	Vecteur

Tableau 2. Matrice Table des modèle structurel

(Source: Byrne, 2001)

Comment lire le symbole est la suivante

symbole	pronounciation	Sens
ξ	Xi (KSI ou KZI	La variable latente exogène
λx	« X » Lambda	Chemin du chargement du facteur de la variable latente exogène (X) aux indicateurs
λy	Lambda « y »	Chemin du chargement du facteur de la variable latente endogène (Y) aux indicateurs
Λ	Lambda (Lettre majuscule)	En se référant à un ensemble d'estimation de la charge représentée par une matrice où la ligne est indicateurs et coloumn est la variable latent
ἠ	Eta	Latent variable endogène relative à y
φ	Phi (fi)	Chemin représenté par deux sens se référant à la covariation entre une construction de ξ avec une autre construction de ξ
Φ	Phi (fi) (Lettre majuscule)	En se référant à la matrice de covariance ou de corrélation entre un ensemble de constructions ξ
γ	Gamma	Chemin montre la relation de cause à effet (coefficient de régression non normalisés (b)) à partir de ξ r
Γ	Gamma (Majuscule)	En se référant à toutes les relations de γ dans le modèle donné
β	Bêta	Chemin montre la relation de cause à effet (coefficient de régression non normalisés (b)) à partir de ἠ dans d'autres constructions de ἠ
B	Beta (Majuscule)	En se référant à toutes les relations de β dans le modèle donné
δ	Delta	Le terme d'erreur lié à l'estimation de la variable x (indicateurs)
θδ	delta thêta	Se référant à la variance résiduelle et covariance relative à l'estimation de x; les éléments de la variance d'erreur a une forme diagonale.
ε	Epsilon	Le terme d'erreur liée à l'estimation des variables y (indicateurs)
θ ε	Theta epsilon	Se référant à la variance résiduelle et covariance relative à l'estimation de y; les éléments de la variance d'erreur a une forme diagonale.
ζ	Zeta	La façon d'obtenir covariation d'erreur de ἠ
τ	Tau	termes interceptent pour estimer les indicateurs
ϰ	Kappa	termes interceptent pour estimer la variable latente

| χ2 | Chi (ki) carré | Rapport de vraisemblance |

Tableau 3. Comment lire les symboles grecs

(Source: Byrne, 2001)

1.10 Conditions de base

Plusieurs termes de base que nous devons savoir quand nous voulons utiliser la procédure SEM sont les suivants:

- **Sens de la relation entre les variables**
    - **récursif**: Une direction de manière à partir des variables exogènes les endogènes) (Ce modèle est le même avec le modèle d'analyse de chemin)
    - **non récursive**: deux effets direction / réciproques manière ou d'écrire

- **SEM Modèle:**
    - Les données représentent la mesure de valeurs concernant les variables observées dérivées de l'échantillon
    - Modèle représente la structure hypothétique reliant tous les indicateurs avec les variables latentes (ou appelé comme modèle de mesure) et reliant les variables latentes avec d'autres variables latentes (ou appelé modèle structurel).
    - Résiduelle est la différence entre le modèle hypothétique et les données observées

- **Qualité de l'ajustement ou GOF**: Mesure montre à quel point le modèle est.

- **relation structurelle**: Dépendance relation entre les variables indépendantes et dépendantes, telles que la régression linéaire des bouvillons à spécifier par le latent exogène et les variables latentes endogènes. Il est décrit par une direction de chemin de flèche de X à Y. La variable latente exogène ne dépend pas d'autres variables latentes exogènes (similaires à régression linéaire); tandis que la variable latente endogène dépend de la variable latente exogène ou d'autres variables latentes endogènes quand il y a une variable intermédiaire (similaire dans la procédure d'analyse de chemin du modèle de médiation).

- **relation de mesure**: Dépendance relation entre les variables indépendantes et dépendantes, en spécifiant par le latente exogène et les indicateurs connexes. La relation est le reflet des variables latentes aux indicateurs respectifs.

- **Lien de causalité**: Relation causale construit par deux variables qui a besoin de covariation entre deux variables potentielles qui peuvent génère la preuve que la variable de sortie est provoquée par une autre variable.

- **Lien de causalité Inference:** le processus de l'inférence sur l'existence de la relation de cause à effet dans variables étudiées contredisent la théorie et des études empiriques.

- **indicateurs**: Même avec des variables manifestes utilisés pour mesurer les variables latentes (les concepts).

- **Construction**: Même avec les variables latentes ou les variables non observées dans pour mesurer, nous avons besoin d'indicateurs relatifs.

- **Modèle complet Latent Variable (LV)**
  Le modèle LV permet la spécification de la structure de régression linéaire entre les variables latentes. Ce modèle est constitué d'un modèle de mesure et le modèle structurel.

- **Les objectifs de la modélisation statistique dans SEM**
    - La description de la structure des variables latentes sous-tendent leurs indicateurs
    - Délimitation l'aide d'un diagramme et l'équation mathématique
    - postulat Cosntructing utilisant un modèle statistique basé sur la théorie relative et des études empiriques.
    - Deterrmine Qualité de l'ajustement entre le modèle hypothétique avec les données de Sampel.
    - Calculer résiduel, la différence entre le modèle hypothétique avec les données observées

- **Variables**
    - **Les variables observées**: Manifest Variables / Indicateurs / Références
    - **Variables inobservés**: Variables / Latent Résumé Phénomènes / Facteurs / Constructs

- **La variable Latent Exogènes: Les variables indépendantes:**

La casue de fluctuation de la valeur des variables endogènes. Les changements de valeur ne peut être expliquée uniquement à l'aide du modèle, mais il faut aussi tenir compte des facteurs étrangers (comparer avec linéaire Analyse de régression et le chemin où le modèle ne sert pas à donner une explication de la variable indépendante (régression linéaire) et variable exogène (dans l'analyse du chemin)

- **La variable Endogène Latent: la variable dépendante)**

La variable dépendante ou la variable de réponse dans laquelle les changements de valeur sont causées par la variable indépendante.

CHAPITRE 2
CBSEM GÉNÉRALES MODÈLES

2.1 Modèle de mesure et modèle structurel

Modèle SEM représente la structure hypothétique reliant tous les indicateurs avec les variables latentes et la connexion des variables latentes avec d'autres variables latentes. Le premier est appelé en tant que modèle de mesure et le second est appelé comme le modèle structurel.

2.2 L'équation structurelle et Matrice des modèles

Il trois équation CB SEM, à savoir:

- Le modèle de mesure de l'ensemble des variables X (les variables latentes exogènes), avec l'équation suivante:
  $X = \Lambda x \xi + \delta$

- Le modèle de mesure de toutes les variables Y (les variables latentes endogènes), avec l'équation suivante:
  $Y = \Lambda y \eta + \varepsilon$

- Le modèle structurel avec l'équation suivante:
  $H = B\eta + \Gamma\xi + \zeta$

Séquence de la matrice pour le modèle de mesure peut être expliqué comme suit:

- x est 1 qx vecteur des indicateurs exogènes
- y est 1 px vecteur des indicateurs endogènes
- ξ est nx 1 vecteur des variables latentes exogènes
- η est mx 1 vecteur des variables latentes endogènes
- δ est une qx vecteur d'erreur de mesure de X
- ε est une px vecteur d'erreur de mesure de Y
- Λx est la matrice de régression qx de n reliant la variable latente exogène de n avec ses indicateurs de q qui sera mesuré
- Λy est la matrice de régression de m px reliant la variable latente exogène de m avec ses indicateurs de p qui sera mesuré

Bien que la séquence de la matrice pour le modèle de structure peut être expliqué comme suit:

- Γ est la matrice de coefficient de mxn reliant la variable latente exogène de n avec la variable latente endogène de m
- B est la matrice de coefficient de mxm reliant la variable latente endogène de m uns avec les autres.
- ζ est le vecteur résiduel de mx 1 représentant erreur au equationof η et ξ.

2.3 Facteur confirmatoire Modèle analytique (CFA)

CFA modèle CFA est utilisé dans la recherche lorsque le chercheur a déjà eu connaissance de la structure de la variable latente sous-jacente. Sur la base de la théorie ou de l'étude empirique, le chercheur fait postulat sur la relation entre les indicateurs et la variable latente sous-jacente. Ensuite, l'essai statistique est effectuée. Pour le modèle CFA à l'aide Lisrel, il faut choisir une variable exogène latente du tout un modèle et une variable endogène pour le modèle tout Y. Ce qui suit est l'exemple:

Tous les modèles X dans une variable exogène

Dans cet exemple de modèle CFA, nous avons une variable exogène laten de ξ1 avec 3 indicateurs de X1, X2 et X3.

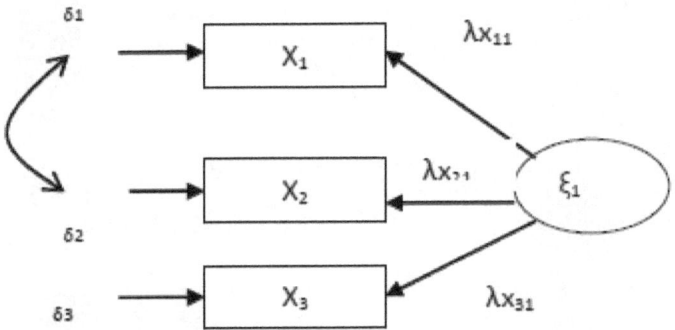

(Source: Byrne, 2001)

Dans ce CFA pour le modèle variable latente exogène X, nous trouverons:

- ξ1 est une variable latente exogène
- X1, X2 et X3 sont des indicateurs de variable latente exogène de ξ1

- λx11, λx21 et λx31 sont coefficient de régression à partir de ξ1X1, X2 et X3
- δ1, δ2 et δ3 sont terme d'erreur de X1, X2 et X3 indicateurs
- A δ1 flèche conneting deux de direction et δ2 est covariance / corrélation entre les indicateurs de X1and X2

Ce modèle CFA ci-dessus est appelé x First Order CFA CFA pour la variable de X.

Tous les modèles Y dans une variable Endogène

Dans cet exemple, nous avons 1 variabele latente endogèneη1 et 2 indicateurs de Y1 et Y2

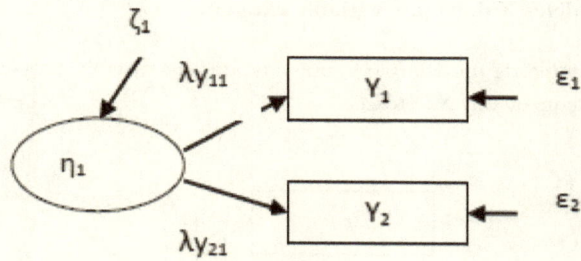

(Source: Byrne, 2001)

Dans ce CFA pour le modèle variable latente endogène Y, nous trouverons ::

- η1 est une variable latente endogène
- Y1 et Y2sont des indicateurs de la variable latente endogène de η1.
- ε1 et ε2 sont terme d'erreur pour les indicateurs de Y_1Et Y2
- λY11 et λY21 sont coefficient de régression de la latente endogène variable de η1 aux indicateurs de Y1and Y2
- ζ1is terme résiduel pour prédire l'latente endogène variable de η1

Le modèle CFA est appelé ci-dessus comme premier ordre CFA Modèle pour la variable Y. Si le modèle exogène X et le modèle endogène Y sont combinés en un seul modèle, nous verrons les éléments de mesure et des modèles structurels. La photo suivante affiche le modèle.

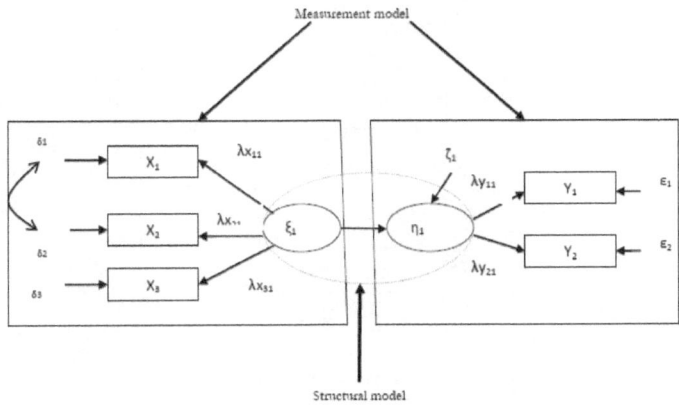

(Source: Byrne, 2001)

L'image ci-dessus montre deux modèles de SEM, à savoir le modèle de mesure, la relation entre les variables latentes et leurs indicateurs; et le modèle structurel, la relation entre les variables latentes exogènes et endogènes. Ce modèle est appelé modèle variable Latent (LV).

Deuxième commande Modèle CFA

Le modèle du second ordre CFA a au moins 3 variables latentes où une variable latente en tant que première couche de construction à partir de 2 variables latentes avec leurs indicateurs respectifs. Dans l'exemple suivant, nous avons la variable latente de XX comme la construction de 2 variables latentes de X1 et X2. La X1 variable latente a 3 indicateurs, à savoir I1X1, I2X1 et I3X1. La variable latente X2 dispose de 2 indicateurs de I1X2 et I2X2.

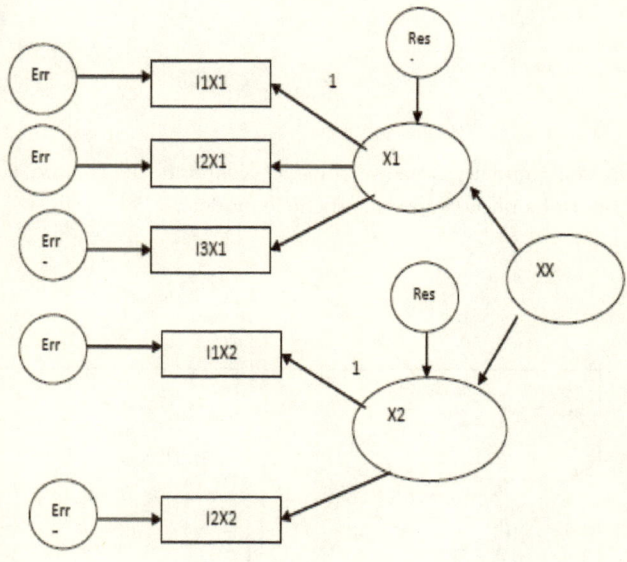

(Source: Byrne, 2001)

Modèle final en notation LISREL du modèle ci-dessus sera la suivante

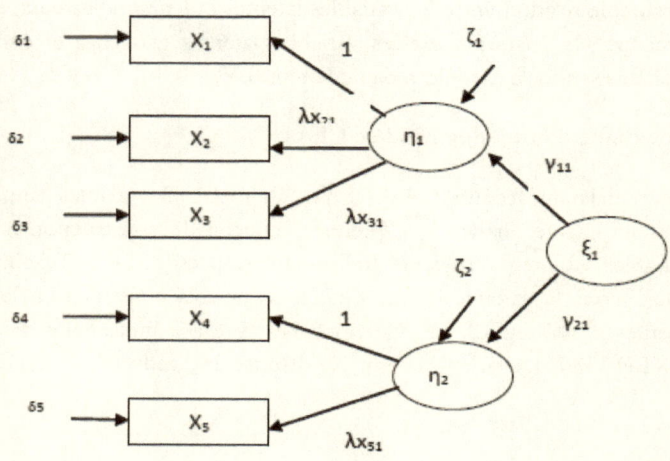

(Source: Byrne, 2001)

Modélisation par équation structurelle: Théorie et application

Le modèle ci-dessus présente les questions suivantes:

- Il y a 3 variables latentes: à savoir XX ($\xi 1$), X1 ($\eta 1$) et X2 ($\eta 2$)
- La variable XX (de $\xi 1$) est la variable indépendante exogène
- X1 Variable laten ($\eta 1$) dan X1 ($\eta 2$) Variable merupakan dependen / endogène
- La variable latente de « X1 » ($\eta 1$) dispose de 3 indicateurs: X1, X2 et X3
- La variable latente de X2 ($\eta 2$) présente deux indicateurs: X4 et X5
- Il y a 5 erreurs de mesure, à savoir err1 ($\delta 1$), err2 ($\delta 2$), ERR3 ($\delta 3$) Err4 ($\delta 4$) et Err5 ($\delta 5$)
- Il y a 2 variance du facteur avec la valeur de 1 des deux variables latentes dans leurs indicateurs respectifs
- Il y a 7 coffecieints de régression (saturation des facteurs), 3 à partir de la variable latente de $\eta 1$ en trois indicateurs: X1, X2 et X3 ($\lambda x11$), ($\lambda x21$) et ($\lambda x11$) et pour le coefficient de régression de l'indicateur de X1 ($\lambda x11$) est donnée au poids autant que 1; et 2 à partir de la variable latente de $\eta 2$ dans ses indicateurs: X4 et X5 ($\lambda x41$) et ($\lambda x51$) et pour le coefficient de régression de l'indicateur de X4 ($\lambda x41$) est donné le poids autant que 1; et 2 à partir de la variable latente de $\xi 1$ dans la variable latente de $\eta 1$ ($\gamma 11$) et $\eta 2$ ($\gamma 21$)
- Il y a 2 erreur résiduelle, à savoir RES1 ($\zeta 1$) et RES2 ($\zeta 2$).

Variable complète Latent (LV)

La pleine laten suivant (LV) a 4 la variable latente de X1, X2, Y1 et Y2 avec leur indikator respective. La variable latente de X1 a des indicateurs de M, D et K; la variable latente de X2 a des indicateurs de V et U; la variable latente de Y1 a des indicateurs de G et R; et la variable latente de Y2 a des indicateurs de A et P. Le modèle LV est la suivante.

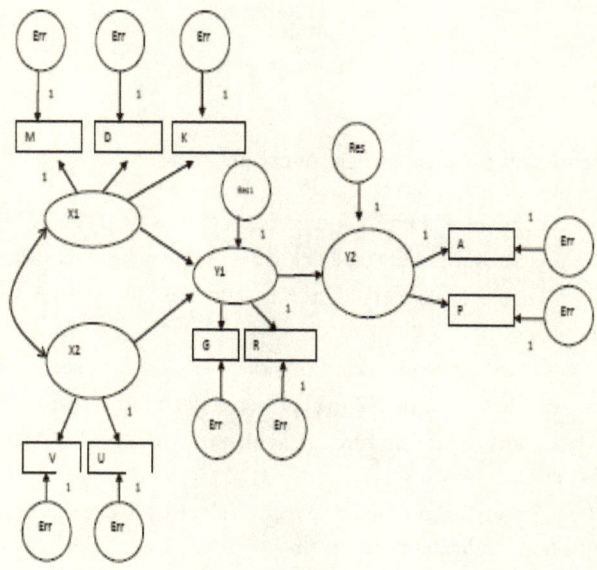

(Source: Byrne, 2001)

Le modèle LV en notation LISREL sera la suivante.

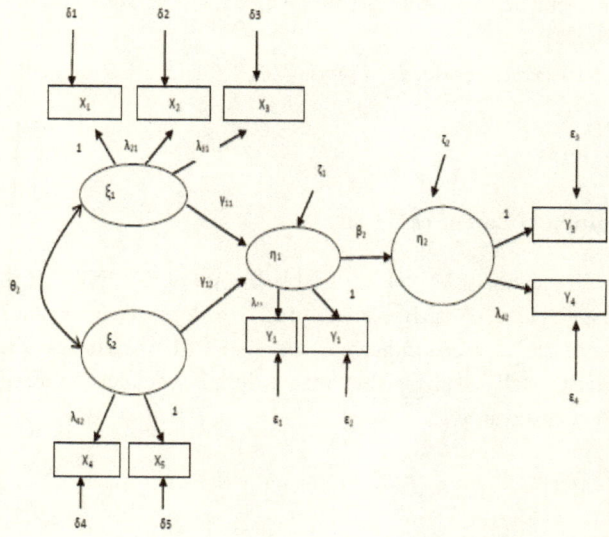

(Source: Byrne, 2001)

Modélisation par équation structurelle: Théorie et application

Le modèle BT a au-dessus des questions suivantes.

- Il y a 4 variables latentes: ξ_1, ξ_2, η_1 et η_2.
- La variable latente de ξ_1 et ξ_2 sont variables latentes exogènes
- La variable latente de η_1 est une variable latente endogène à partir des variables latentes exogènes de ξ_1 et ξ_2 et fonctionne comme la variable latente exogène de η_2. Ainsi, la variable latente de η_1 est une variable intermédiaire
- La variable latente de η_2 est une variable latente endogène
- La variable latente de ξ_1 dispose de 3 indicateurs: X1, X2 et X3
- La variable latente de ξ_2 dispose de 2 indicateurs: X4 et X5
- La variable latente de η_1 dispose de 2 indicateurs: Y1 et Y2
- La variable latente de η_2 dispose de 2 indicateurs: Y3 et Y5
- Il y a 9 erreur de mesure, à savoir err1 (δ_1), err2 (δ_2), ERR3 (δ_3), Err4 (δ_4), Err5 (δ_5), Err6 (ε_1), Err7 (ε_2), Err8 (ε_3) et Err9 (ε_4)
- Il y a 4 variance du facteur avec la valeur de 1 à partir de deux variables latentes dans l'indicateur respectif
- Il y a 12 coefficient de régression (de saturation des facteurs), 3 à partir de la variable latente de ξ_1 dans ses 3 indicateurs: λx_{11}, λx_{21} et λx_{11} et pour le coefficient de régression de l'indicateur de λx_{11} est donné le poids de 1; et 2 à partir de la variable latente de ξ_2 à ses 2 indicateurs: λx_{41} et λx_{51} et pour le coefficient de régression de l'indicateur de λx_{51} est donné le poids autant que 1; 2 coefficients de régression de la variable latente de ξ_1 (γ_{11}) et ξ_2 (γ_{12}) à la variable latente de η_1; 2 coefficient de régression de la variable latente de η_1 à ses deux indicateurs: (λ_{11}) et (λ_{21}), et pour le coefficient de régression de l'indicateur de (λ_{21}) est donné le poids autant que 1; 1 de la variable latente de η_1 dans la variable latente de η_2 (de β_{21}); et 2 de la variable latente de η_2 dans ses deux indicateurs: λ_{32} et λ_{42},
- Il y a 2 erros résiduelles, à savoir RES1 (ζ_1) et RES2 (ζ_2).
- Il y a 1 covariance (θ_{21}) reliant la variable latente de ξ_1 et ξ_1.

CHAPITRE 3
APPLICATION DE CBSSEM 1

3.1 Deux variables et Latent Exogènes un modèle variable Endogène Latent

Dans cet exemple, nous allons faire un modèle de relation entre les deux variables latentes exogènes avec deux indicateurs et une variable endogène latente avec deux indicateurs respectifs. Le problème que nous allons discuter est de savoir combien est l'effet de X1 et X2 avec leurs indicateurs respectifs sur Y1 avec ses indicateurs. Le modèle est le suivant

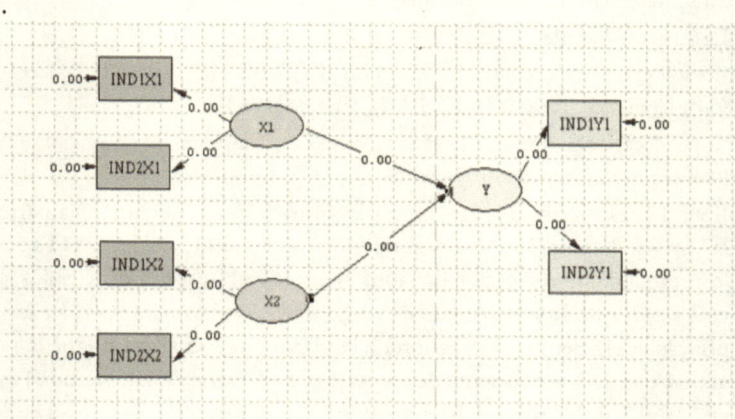

Où

- X1 est une variable latente exogène
- IND1X1 est le premier indicateur de X1
- IND2X1 est le deuxième indicateur de X1
- X2 est une variable latente exogène
- IND1X2 est le premier indicateur de X2
- IND2X2 est le deuxième indicateur de X2
- Y est une variable latente endogène
- IND1Y1 est le premier indicateur de Y1
- IND1Y1 est le deuxième indicateur de Y1

Les données sont les suivantes

Modélisation par équation structurelle: Théorie et application

Ind1x1	Ind2x1	X1	Ind1x2	Ind2x2	X2	Ind1y1	Ind2y1	Y1
18	17	16	15	18	17	16	15	16
15	17	18	12	15	17	18	12	18
17	14	16	14	17	14	16	14	16
14	14	14	13	14	14	14	13	14
15	15	16	12	15	15	16	12	16
17	15	16	13	17	15	16	13	16
13	16	12	14	13	16	12	14	12
19	19	20	11	19	19	20	11	20
15	16	17	14	15	16	17	14	17
19	19	18	14	19	19	18	14	18
14	16	17	12	14	16	17	12	17
15	11	15	10	15	11	15	10	15
14	14	13	12	14	14	13	12	13
16	16	18	11	16	16	18	11	18
10	14	16	12	10	14	16	12	16
13	15	17	13	13	15	17	13	17
19	12	17	14	19	12	17	14	17
15	12	16	14	15	12	16	14	16
15	12	14	15	15	12	14	15	14
16	14	15	14	16	14	15	14	15
12	11	15	14	12	11	15	14	15
18	16	14	14	18	16	14	14	14
13	15	15	11	13	15	15	11	15
14	14	13	12	14	14	13	12	13
13	13	17	11	13	13	17	11	17
10	10	12	9	10	10	12	9	12
13	17	13	9	13	17	13	9	13
12	12	11	10	12	12	11	10	11
11	14	12	8	11	14	12	8	12
9	14	8	7	9	14	8	7	8
10	10	13	12	10	10	13	12	13
8	12	12	9	8	12	12	9	12
13	14	12	10	13	14	12	10	12
8	15	14	9	8	15	14	9	14
11	8	12	10	11	8	12	10	12
13	13	16	11	13	13	16	11	16
11	14	11	9	11	14	11	9	11
9	15	14	11	9	15	14	11	14
15	11	12	12	15	11	12	12	12
11	12	15	8	11	12	15	8	15
11	12	13	8	11	12	13	8	13
9	14	14	9	9	14	14	9	14
10	17	11	9	10	17	11	9	11
9	10	12	8	9	10	12	8	12
12	9	12	7	12	9	12	7	12

13	15	15	8	13	15	15	8	15
13	8	14	10	13	8	14	10	14
14	11	11	9	14	11	11	9	11
11	13	10	9	11	13	10	9	10
12	13	15	13	12	13	15	13	15
13	14	13	12	13	14	13	12	13
13	13	14	10	13	13	14	10	14
15	16	16	15	15	16	16	15	16
12	12	14	12	12	12	14	12	14
13	12	15	9	13	12	15	9	15
15	15	16	14	15	15	16	14	16
14	18	12	10	14	18	12	10	12
13	11	13	11	13	11	13	11	13
10	11	13	12	10	11	13	12	13
16	18	16	12	16	18	16	12	16
14	11	11	10	14	11	11	10	11
17	12	12	13	17	12	12	13	12
16	14	13	12	16	14	13	12	13
14	15	12	10	14	15	12	10	12
13	11	14	10	13	11	14	10	14
13	11	14	11	13	11	14	11	14
12	11	14	9	12	11	14	9	14
13	14	13	10	13	14	13	10	13
15	12	13	9	15	12	13	9	13
13	13	17	12	13	13	17	12	17
13	14	12	11	13	14	12	11	12
13	16	15	12	13	16	15	12	15
15	14	15	12	15	14	15	12	15
14	13	15	10	14	13	15	10	15
14	14	13	10	14	14	13	10	13
16	16	18	15	16	16	18	15	18
20	19	22	17	20	19	22	17	22
17	20	20	16	17	20	20	16	20
16	20	20	15	16	20	20	15	20
18	16	16	16	18	16	16	16	16
15	18	19	12	15	18	19	12	19
16	19	19	12	16	19	19	12	19
20	16	15	13	20	16	15	13	15
21	22	22	19	21	22	22	19	22
19	19	19	12	19	19	19	12	19
18	15	16	13	18	15	16	13	16
18	19	20	12	18	19	20	12	20
17	15	18	12	17	15	18	12	18
21	17	20	17	21	17	20	17	20
16	17	19	17	16	17	19	17	19
16	19	18	16	16	19	18	16	18
19	16	20	16	19	16	20	16	20

17	19	18	16	17	19	18	16	18
19	18	21	13	19	18	21	13	21
21	17	20	19	21	17	20	19	20
19	16	17	15	19	16	17	15	17
19	15	19	15	19	15	19	15	19
17	19	19	15	17	19	19	15	19
19	19	19	12	19	19	19	12	19
18	17	19	14	18	17	19	14	19

3.2 Solution

Pour résoudre le problème, procédez comme suit
Tout d'abord: entrer les données dans IBM SPSS dan Beri nama case1.sav

Deuxièmement: faire la matrice de corrélation en utilisant les étapes suivantes

- Activer programme LISREL
- Sélectionnez Fichier> Données d'entrée en format libre avec les fichiers de type sélectionnez SPSS
- L'emplacement de fichier case1.sav
- Ouvrir
- Statistiques Sélectionnez> Options de sortie
- Au choix du moment Matrixs sélectionnez corrélation
- Au gré de l'enregistrement des données (v) sauvegarder les données Transformé dans un fichier. Enregistrer sous case1.cor

Troisième: Faire un diagramme de chemin

Des mesures pour rendre le schéma de chemin est le suivant.

- Fichier> Nouveau> Chemin diagramme> OK
- Enregistrer sous affaire1 en cliquant sur la commande de Save
- Sélectionnez Configurer> Titre et commentaires pour écrire un titre et des commentaires> Suivant
- **étiquettes de groupe> Suivant**
- indicateurs de type sur la colonne de gauche nommé comme variables observées (la valeur par défaut du programme ne fournit que deux indicateurs le reste doit être ajouté conformément à notre modèle) et le type des variables latentes dans coloumn appelé comme variables avec les Latent façons suivantes:

    o Entrez dans les variables observées IND1X1 et IND2X1. Pour ajouter le prochain indicateur sélectionner ADD / LIRE

VARIABLES, chèque (v) les options de ADD LISTE DES VARIABLES. A l'option de type VAR LISTE IND1X2 puis cliquez sur OK. Faites-le de la même manière jusqu'à l'indicateur de IND2Y1.
- Ajouter les variables latentes de X1, X2 et Y1 dans coloumn des variables avec les Latent façons suivantes.
    o Cliquez sur l'option Ajouter des variables Latent, puis tapez X1 à la case disponible puis cliquez sur OK. Faites de la même manière pour la variable de X2 et Y1.
    o Sélectionnez ensuite:

- A données Dialog, changer dans les options suivantes:
    o **Résumé des statistiques,** sélectionnez corrélations
    o **Nombre d'observations**: Type 100
    o **Matrice à analyser** sélectionnez corrélations
    o **Type de fichier** sélectionnez Données ASCII externe> Parcourir et trouver l'emplacement de case1.cor> Ouvrir> OK
- Faire le chemin Schéma avec le nom de case1.pth comme le modèle ci-dessus avec les moyens suivants:
    o Sur l'écran du côté gauche il y a une option de Observé et Y, vérifier (v) aux indicateurs de IND1Y1 et IND2Y1 à la case disponible.
    o Sur l'écran de contrôle et Latent ETA (v) à Y1 à la case disponible
    o Pour tracer le diagramme du modèle est de faire glisser tous les inicators et les variables latentes un par un dans l'espace dessin disponible. Tout d'abord commencer à partir des indicateurs et suivi de variables latentes. Pour connecter les avons choisi le menu Dessin> One Way chemin. Ensuite, mettre les variables latentes et faites-le glisser dans chaque indicateur. À titre d'exemple, commencez par X1 à IND1X1 et IND2X1. Faites-le de la même manière pour les variables latentes X2 et Y1 dans leur indicateur respectif. Quand il a terminé puis connectez X1 et X2 à Y1. Le résultat est le suivant.

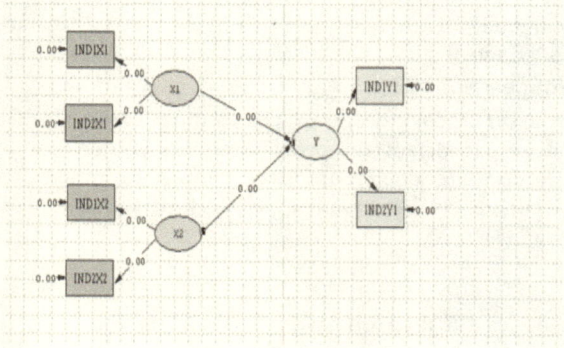

- Sélectionnez Menu Configuration> Créer SIMPLIS Syntaxe
- *Exécuter Lisrel*

Ce qui suit est le résultat

3.3 Résultat et discussion

Résultat de construction SIMPLIS Syntaxe

```
Les variables observées
IND1X1 IND2X1 IND1X2 IND2X2 IND1Y1 IND2Y1
Matrice de corrélation de fichier « D: case1.COR »
Taille de l'échantillon = 100
Variables Y X1 X2 Latent
Des relations
IND1Y1 = Y
IND2Y1 = Y
IND1X1 = X1
IND2X1 = X1
IND1X2 = X2
IND2X2 = X2
Y = X1 X2
chemin Schéma
Fin du problème
```

Résultat d'estimation Utilisation de la commande d'exécution Lisrel

Résultat dans la forme de chemin Schéma

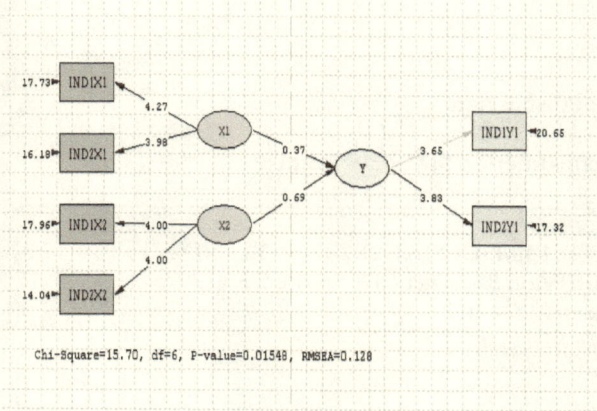

Résultat dans la forme de texte

```
                    LISREL 8,70
                       PAR
            Karl G. & Jöreskog Dag Sörbom
         Ce programme est publié exclusivement par
          Scientific Software International, Inc.
            7383 N. Lincoln Avenue, Suite 100
               Lincolnwood, IL 60712, USA
       Téléphone: (800) 247-6113, (847) 675-0720, Fax: (847)675-2140
     Droit d'auteur par Scientific Software International, Inc., 1981-
2004
         L'utilisation de ce programme est soumis aux conditions
spécifiées dans la
              Convention universelle sur le droit d'auteur.
              Site Web: www.ssicentral.com

Les lignes suivantes ont été lues à partir du fichier D: \ case1.SPJ:
  Les variables observées
IND1X1 IND2X1 IND1X2 IND2X2 IND1Y1 IND2Y1
Matrice de corrélation de fichier « D: case1.COR »
Taille de l'échantillon = 100
Variables Y X1 X2 Latent
Des relations
IND1Y1 = Y
IND2Y1 = Y
IND1X1 = X1
```

```
IND2X1 = X1
IND1X2 = X2
IND2X2 = X2
Y = X1 X2
chemin Schéma
Fin du problème

Taille de l'échantillon = 100

Pengaruh Variabel X1 X2 dan terhadap Y1
    Matrice covariance
        IND1Y1 IND2Y1 IND1X1 IND2X1 IND1X2 IND2X2
        -------- -------- -------- -------- -------- --------
IND1Y1 34.00
IND2Y1 14.00 32.00
IND1X1 17,00 18,00 36,00
IND2X1 18.00 12.00 17.00 32.00
18.00 15.00 IND1X2 12.00 18.00 34.00
IND2X2 16.00 15.00 17.00 15.00 16.00 30.00
```

Effet des variables X1 et X2 sur Y1
Nombre de Iterations = 82
Les estimations LISREL (maximum) Likelihood
    Les équations de mesure
IND1Y1 = 3,65 * Y, Errorvar. = 20,65, R^2 = 0,39
            (3,54)
             5,84

IND2Y1 = 3,83 * Y, Errorvar. = 17,32, R^2 = 0,46
        (0,67) (3,28)
         5,68 5,28

IND1X1 = 4,27 * X1, Errorvar. = 17,73, R^2 = 0,51
        (0,59) (3,43)
         7,27 5,17

IND2X1 = 3,98 * X1, Errorvar. = 16,18, R^2 = 0,49
        (0,55) (3,06)
         7,17 5,29

IND1X2 = 4,00 * X2, Errorvar. = 17,96, R^2 = 0,47
        (0,57) (3,25)
         7,02 5,52

IND2X2 = 4,00 * X2, Errorvar. = 14,04, R^2 = 0,53
        (0,53) (2,83)
         7,48 4,96

Les équations structurelles

Y = 0,37 * X1 + X2 * 0,69, Errorvar. = -0,11, R² = 1,11
  (1,67) (1,66) (0,16)
  0,22 0,42 -0,70

Matrice de corrélation des variables indépendantes
      X1   X2
      -------- --------
X1 1,00

X2 0,97 1,00
   (0,09)
   10.90

Matrice de covariance variables Latent
      Y   X1   X2
      -------- -------- --------
Y 1.00
X1 1,04 1,00
X2 1,05 0,97 1,00

Bonté des statistiques Fit
Degrés de liberté = 6
Fit minimum Fonction chi carré = 18,52 (P = 0,0051)
Théorie normale pondérée des moindres carrés chi carré = 15,70 (P = 0,015)
Paramètre non-centralité estimé (PCN) = 9,70
90 Pourcentage intervalle de confiance pour NCP = (1,58; 25,44)
Fonction Valeur minimale Fit = 0,19
Population Divergence Fonction Valeur (F0) = 0,098
90 Pourcentage intervalle de confiance pour F0 = (0,016; 0,26)
Root Mean Square erreur d'approximation (AEMQ) = 0,13
90 Pourcentage intervalle de confiance pour RMSEA = (0,052; 0,21)
P-Value pour le test de proximité Fit (RMSEA <0,05) = 0,047
Indice de validation croisée attendue (ECVI) = 0,46
90 Pourcentage intervalle de confiance pour ECVI = (0,38; 0,62)
ECVI pour le modèle Saturés = 0,42
ECVI pour l'indépendance modèle = 3,66
Chi-Square pour le modèle Indépendance avec 15 degrés de liberté

Modélisation par équation structurelle: Théorie et application

```
= 349,94
                Indépendance AIC = 361,94
                   Modèle AIC = 45,70
                   Saturé AIC = 42.00
               Indépendance CAIC = 383,58
                  Modèle CAIC = 99,77
                  Saturé CAIC = 117,71

              Normé Fit Index (NFI) = 0,95
           Non Normed Fit Index (de NNFI) = 0,91
        Parcimonie Normed Fit Index (IFNP) = 0,38
             Index comparatif Fit (CFI) = 0,96
             Incrémental Fit Index (FII) = 0,96
               Indice relatif Fit (RFI) = 0,87
                  N Critical (CN) = 90,87
         Root Mean Square résiduel (TMR) = 1,54
                Standardisé = 0,047 TMR
            Fit Index de la bonté (GFI) = 0,95
         Bonté ajusté de l'indice Fit (PAGF) = 0,82
        Parcimonie Fit Index de bonté (de PGFI) = 0,27
Les indices de modification suggère d'ajouter une erreur Covariance
Entre et la diminution de Chi-Square Nouvelle estimation
IND2X1 IND2Y1 11.2 -8.00
```

3.4 interprétation

L'interprétation principale peut être fait à partir du résultat du diagramme de chemin ci-dessus et de la sortie de texte. Là deux choses que nous devrions interpréter, à savoir l'estimation des paramètres et de la bonté des valeurs d'ajustement.

Première partie: l'estimation du paramètre, à savoir chemin coefficents

- L'effet de la eksogen variable latente exogène (de ξ_1) de X1 sur la variable latente endogène (η_1) de Y1 est de 0,37
- L'effet de la eksogen variable latente exogène (de ξ_2) de X2 sur la variable latente endogène (η_1) de Y1 est de 0,69

Toutes les valeurs ci-dessus sont prises à partir de la sortie du diagramme de chemin.

Les équations mesure

Les valeurs sont les coefficients de trajet à partir de la variable latente endogène Y à ses indicateurs de IND1Y1 et IND2Y1

- L'effet de la variable latente endogène Y1 sur l'indicateur de IND1Y1 est

3,65

- L'effet de la variable latente endogène Y1 sur l'indicateur de IND2Y1 est 3,83

Les valeurs sont les coefficients de chemin de la variable latente exogène X1 à ses indicateurs de IND1X1 et IND2X1

- L'effet de la variable latente exogène X1 sur l'indicateur de IND1X1 est 4,27

- L'effet de la variable latente exogène X1 sur l'indicateur de IND2X1 est 3,98

Les valeurs sont les coefficients de chemin de la variable latente exogène X2 à ses indicateurs de IND1X2 et IND2X2

- L'effet de la variable latente exogène X2 sur l'indicateur de IND1X2 est 4,00

- L'effet de la variable latente exogène X2 sur l'indicateur de IND2X2 est 4,00

La valeur de R2 dans l'équation structurelle

La valeur est le coefficient de trajet du X1 et X2 variable latente exogène à Y1 variable latente endogène.

$Y = 0,37 * X1 + X2 * 0,69$, Errorvar. $= -0,11$, $R^2 = 1,11$. L'effet de X1 et X2 variable latente exogène sur la variable latente endogène Y1 est 1.11

Deuxième partie: Les valeurs de qualité de l'ajustement

Ces valeurs sont utilisées pour voir si le modèle que nous faisons est correcte ou incorrecte. Certaines valeurs sont les suivantes:

- Probabilité (P - Valeur): 0,01548. Cette valeur, suivant le schéma de chemin, est utilisé pour voir la bonté de l'ajustement du modèle. Pour effectuer les tests de la qualité de l'ajustement du modèle, procédez comme suit:

Faire l'hypothèse suivante

H0: Modèle que nous faisons est correcte

H1: Modèle que nous faisons est incorrect

Utilisez les critères suivants pour tester l'hypothèse

Si la valeur de p <0,05 H0 et acceptent rejet H1

Si la valeur de p> 0,05 accepter H0 et H1 rejet

Parce que la valeur de probabilité autant que 0,01548 <0,05 rejeter H0 et ainsi accepter H1. Cela signifie que le modèle que nous faisons est incorrect.

Qualité de l'ajustement du modèle basé sur la bonté absolue de l'indice Fit

Toutes les valeurs sont prises à partir de la sortie de texte à la Bonté des statistiques Fit. Comme les informations, chaque valeur de cette sortie évalue la qualité de l'ajustement du modèle de différentes perspectives. De plus, chaque valeur ne produira pas le même résultat. Il génère partiellement différent évaluation vers le modèle que nous faisons. Dans une valeur modèle peut être évaluée comme « bon modèle ». Dans une autre valeur, le modèle peut être évalué comme « mauvais modèle »

- o Chi Square: 15,70. Idéal Chi Valeur du carré est <3. La sortie montre autant que 15,70 ce qui signifie que la qualité de l'ajustement n'est pas remplie encore du point de vue de cette valeur.
- o Fit Index de la bonté (GFI) = 0,95. La valeur de la sortie est de 0,95. Il montre que le modèle est bon. Parce que sa valeur approche 1. La valeur GFI varie de 0 -1. Plus la valeur plus le modèle est. Cette valeur est utilisée pour mesurer la quantité relative de la variance et covariance.

- o Root Mean Square erreur d'approximation (AEMQ) = 0.13.This signifie que le modèle du point de vue de RMSEA ne peut pas répondre à l'exigence parce que la valeur de RMSEA idéale doit être inférieur à 0,05 à 0,08. Les fonctions de valeur de RMSEA en tant que critères de modélisation de la structure de covariance dans la population. La qualité de l'ajustement peut être atteint lorsque la matrice de covariance à échantillon est égale à la matrice de covariance à la population. Lorsque la valeur augmente au-dessus de 0,08, cela signifie qu'il n'y a pas de concordance entre la matrice de covariance à l'échantillon et de la matrice de covariance à population

- Root Mean Square résiduel (TMR) = 1,54. La valeur est comprise RMR 0-1, un modèle est considéré comme bon lorsque la valeur RMR est <0,05. Parce que la valeur TMR autant que 1,54> 0,05; le modèle est pas bon. Cette valeur est la moyenne du résidu normalisé. Résiduelle est la différence entre la valeur observée et celle prédite.

La qualité de l'ajustement du modèle de base sur la Bonté supplémentaire de Fit Index

Les valeurs suivantes sont prises à partir de la sortie du texte même que les valeurs ci-dessus.

- Indice attendu de validation croisée (ECVI) = 0,46. La valeur ECVI n'a pas une gamme. La disposition est plus la valeur plus le modèle est. Cette valeur est utilisée pour mesurer la différence entre la matrice de covariance de l'échantillon étudié et de la matrice de covariances provenant d'autres échantillons égaux. Lorsque le modèle a la plus petite valeur de ECVI, alors un tel modèle peut être reproduit.
- Modèle AIC = 45,70. Plus la valeur est plus le modèle est. De la sortie est la valeur 45,70 est inférieure à la valeur AIC indépendante autant que 361,54. Le modèle est bon car il a une valeur plus faible par rapport à la valeur AIC indépendante.
- Normé Fit Index (NFI) = 0,95. La valeur i NFI varie de 0 -1. Étant donné que la valeur NFI de la sortie est de 0,95 le modèle est bon. La valeur de l'IFN est dérivé de la comparaison entre le modèle hypothétique avec un certain modèle indepedent.
- Index comparatif Fit (CFI) = 0,98. La valeur CFI varie de 0 -1 Puisque la valeur CFI de la sortie est de 0,98, car il se rapproche de 1, le modèle est bon. Il montre que le modèle que nous faisons est fermé le modèle théorique.
- Indice relatif Fit (RFI) = 0,87. La valeur de RFI est comprise entre 0 -1, où la valeur proche de 1, il montre que le modèle est de mieux en mieux. La valeur idéale est de 0,95. La sortie montre la valeur de RFI est 0,87 sens que le modèle est bien modéré. Cette valeur est dérivée de la NFI.
- Critical N (CN) = 90,87. La valeur de la sortie est 90,87. Il montre que le modèle est pas bon puisque la valeur idéale CN devrait être plus de 200. Cette valeur CN se rapporte à la taille de l'échantillon. La taille de l'échantillon idéal de la recherche devrait à plus de 200.
- Bonté ajusté de l'indice Fit (PAGF) = 0,82. La valeur PAGF idéale est ≤0.9. Depuis la sortie montre 0.82 <0,9 alors le modèle est bon.

Cette valeur est la même chose avec la valeur de GFI. La différence se situe sur le degré ajusté de la valeur liberté (DF).

o Parcimonie Fit Index de Bonté (PGFI) = 0,27. fonctions du modèle Parcimonie en contrepartie de la complexité du modèle hypothétique par rapport à l'ensemble de la bonté du modèle d'ajustement. La valeur idéale est de 0,9. Étant donné que la valeur jusqu'à 0,27 <0,9 alors le modèle entier n'est pas bon.

Remarques: il est à noter que chaque valeur va générer les différents résultats de l'évaluation du modèle; on peut donc utiliser que l'indice absolu de qualité de l'ajustement du modèle. Cependant, le cas échéant, on peut utiliser l'indice supplémentaire de qualité de l'ajustement du modèle. Dans les recherches réelles, il est en fait très difficile de faire un bon modèle de toutes les valeurs ci-dessus; Néanmoins, nous pouvons au moins satisfaire aux exigences de base de l'indice absolu.

Test d'hypothèse Utilisation de la valeur t

Afin de calculer la valeur de t de sélectionner les valeurs de T au sous - menu au-dessus du diagramme de chemin Le résultat est la suivante

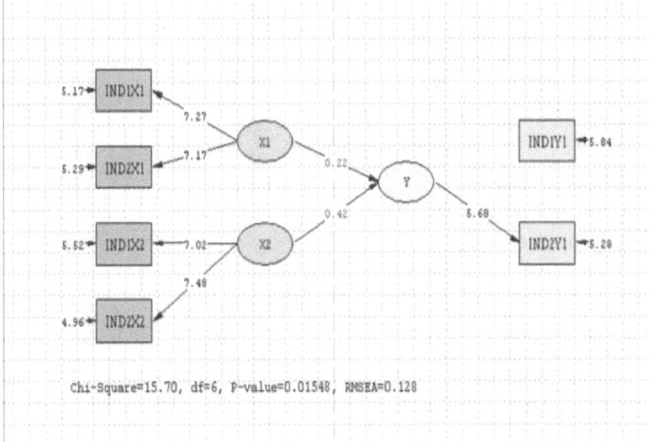

Les étapes pour calculer la valeur de t est la suivante

- A la position du diagramme de chemin clic curseur à tout endroit de sorte que le menu principal affiche les estimations puis sélectionnez la boîte de dialogue des valeurs T.

Les valeurs de t sont les suivantes:

- A partir de la variable latente de X1 à Y1 est de 0,22
- A partir de la variable latente de X2 à Y1 est 0,42

Ces valeurs seront utilisées pour faire des tests d'hypothèses. La valeur t de la sortie est aussi appelé observation T (to).

Première hypothèse: L'effet de X1 sur Y1

Pour effectuer des tests d'hypothèses utiliser les étapes suivantes

hypothèse d'État est la suivante

H0: La variable latente X1 n'affecte pas la variable latente Y1 significativement

H1: La variable latente X1 affecte de manière significative la variable latente Y1

Calculer la table de t (Ta)

La disposition est la suivante: utilisation de la valeur p ou a autant que 0,05 et degré de liberté (DF) de n-2. Le nombre de cas est de 100; si la valeur DF: = 100-2 98. Le t 0,05; 98 à partir de la table de t est 1,645. Le tableau t est aussi appelé Ta.

Utilisez les critères suivants pour tester l'hypothèse

Si à> Ta, puis rejeter H0 et accepter H1

Si à <Ta, puis accepter H0 et rejeter H1

Enfin, prendre la décision comme suit

De la sortie est de 0,22 à la <1,645 Ta; ainsi accepter H0 et rejeter H1. Cela signifie que la variable latente X1 ne modifie pas significativement la variable latente Y1.

Deuxième hypothèse: L'effet de X2 sur Y1

Pour effectuer la deuxième test d'hypothèses utiliser les étapes suivantes

hypothèse d'État est la suivante

H0: La variable latente X2 n'affecte pas la variable latente Y1 significativement

H1: La variable latente X2 affecte de manière significative la variable latente Y1

Calculer la table de t (Ta)

La disposition est la suivante: utilisation de la valeur p ou a autant que 0,05 et degré de liberté (DF) de n-2. Le nombre de cas est de 100; si la valeur DF: = 100-2 98. Le t 0,05; 98 à partir de la table de t est 1,645. Le tableau t est aussi appelé Ta.

Utilisez les critères suivants pour tester l'hypothèse

Si à> Ta, puis rejeter H0 et accepter H1

Si à <Ta, puis accepter H0 et rejeter H1

Enfin, prendre la décision comme suit

De la sortie de l'est de 0,42 <1,645 Ta; ainsi accepter H0 et rejeter H1. Cela signifie que la variable latente X2 ne modifie pas significativement la variable latente Y1.

Conclusion

La conclusion de cette recherche est la suivante.

- Le modèle de relation entre X1 et X2 avec leurs indicateurs et Y1 avec ses indicateurs n'est pas bon.
- L'effet de X1 (ξ1) sur Y1 (η1) est 0,37 et est non significatif
- L'effet de X2 (ξ2) sur Y1 (η1) est 0.69 et est non significatif

3.5 Exericses

Faites les exercices suivants en répondant aux questions ci-dessous.

- Est-ce le bon modèle basé sur les données disponibles?
- Quel est l'effet de X1 et X2 sur Y?
- Effectuer les tests d'hypothèses!
- Effectuer également la qualité de l'ajustement du modèle!

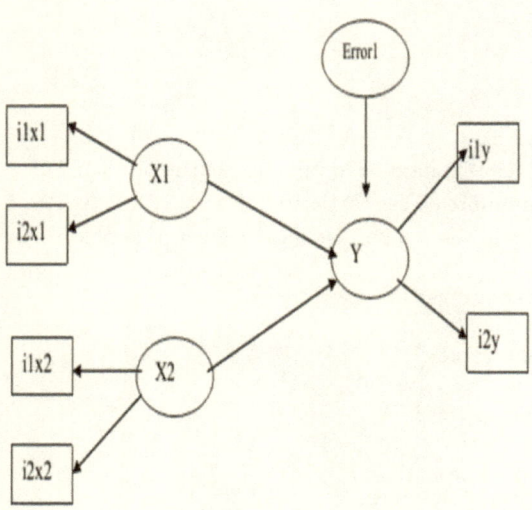

Utilisez les données suivantes

Ind1x1	Ind2x1	X1	Ind1x2	Ind2x2	X2	Ind1y	Ind2y	Y
8	9	10	8	7	9	10	7	9
5	5	5	5	5	5	5	5	5
7	7	7	7	7	7	7	7	7
4	4	4	4	4	4	4	4	4
5	7	8	9	7	6	8	9	9
7	7	7	7	7	7	7	7	7
3	3	3	3	3	3	3	3	3
9	9	9	9	9	9	9	9	9
5	5	5	5	5	5	5	5	5
9	8	7	6	8	7	8	8	7
4	4	4	4	4	4	4	4	4
5	5	5	5	5	5	5	5	5
4	4	4	4	4	4	4	4	4
6	6	6	6	6	6	6	6	6
9	9	9	9	9	9	9	9	9
3	5	6	7	6	8	7	9	9
9	9	9	9	9	9	9	9	9
5	5	5	5	5	5	5	5	5
5	5	5	5	5	5	5	5	5
6	6	6	6	6	6	6	6	6
7	7	8	8	8	9	8	7	9
8	8	8	8	8	8	8	8	8
3	3	3	3	3	3	3	3	3
4	4	4	4	4	4	4	4	4

3	3	3	3	3	3	3	3	3
9	9	9	9	9	9	9	9	9
3	3	3	3	3	3	3	3	3
6	8	9	7	6	9	8	8	8
10	9	8	8	9	7	9	9	8
9	9	9	9	9	9	9	9	9
4	4	4	4	4	4	4	4	4
8	8	8	8	8	8	8	8	8
3	3	3	3	3	3	3	3	3
8	8	8	8	8	8	8	8	8
9	9	9	9	9	9	9	9	9
6	7	5	7	8	8	7	8	9
8	8	8	8	8	8	8	8	8
9	9	9	9	9	9	9	9	9
5	5	5	5	5	5	5	5	5
5	5	5	5	5	5	5	5	5
6	6	6	6	6	6	6	6	6
9	9	9	9	9	9	9	9	9
3	3	3	3	3	3	3	3	3
9	9	9	9	9	9	9	9	9
8	6	8	9	7	9	8	8	9
3	3	3	3	3	3	3	3	3
3	3	3	3	3	3	3	3	3
4	4	4	4	4	4	4	4	4
8	8	8	8	8	8	8	8	8
6	7	8	8	7	9	9	9	8
8	5	9	9	8	8	7	9	7
5	3	3	3	3	3	3	3	3
2	5	5	5	5	5	5	5	5
3	2	2	2	2	2	2	2	2
5	3	3	3	3	3	3	3	3
4	5	5	5	5	5	5	5	5
3	4	4	4	4	4	4	4	4
10	3	3	3	3	3	3	3	3
6	10	10	10	10	10	10	10	10
4	6	6	6	6	6	6	6	6
7	4	4	4	4	4	4	4	4
6	7	7	7	7	7	7	7	7
4	6	6	6	6	6	6	6	6
3	4	4	4	4	4	4	4	4
3	3	3	3	3	3	3	3	3
2	3	3	3	3	3	3	3	3
3	2	5	2	4	2	3	2	2
5	3	3	3	3	3	3	3	3
3	5	5	5	5	5	5	5	5
3	3	3	3	3	3	3	3	3
3	3	3	4	6	3	4	3	6

JONATHAN SARWONO

5	3	3	3	3	3	3	3	3
4	5	5	5	5	5	5	5	5
4	4	4	4	4	4	4	4	4
6	4	4	4	4	4	4	4	4
10	6	6	6	6	6	6	6	6
7	10	10	10	10	10	10	10	10
6	7	7	7	7	7	7	7	7
8	6	6	6	6	6	6	6	6
5	8	8	8	8	8	8	8	8
6	5	5	5	5	5	5	5	5
10	6	6	6	6	6	6	6	6
9	10	10	10	10	10	10	10	10
9	8	10	9	8	9	8	9	8
8	9	9	9	9	9	9	9	9
8	8	8	8	8	8	8	8	8
7	8	8	8	8	8	8	8	8
8	7	7	7	7	7	7	7	7
6	8	7	7	8	6	5	7	8
6	6	6	6	6	6	6	6	6
9	6	6	6	6	6	6	6	6
7	9	9	9	9	9	9	9	9
9	7	7	7	7	7	7	7	7
1	9	9	9	9	9	9	9	9
9	10	9	8	8	7	9	8	7
9	9	9	9	9	9	9	9	9
7	9	9	9	9	9	9	9	9
9	7	7	7	7	7	7	7	7
8	9	9	9	9	9	9	9	9
9	8	8	8	8	8	8	8	8

Modélisation par équation structurelle: Théorie et application

CHAPITRE 4
APPLICATION DE CBSSEM 2

4.1 Deux variables exogènes Latent, Intervenir variable et un modèle variable Endogène Latent

Dans cet exemple, nous allons faire un modèle de relation entre les X1 et X2 variables latentes exogènes avec deux indicateurs, une variable latente endogène variable intermédiaire Y1 et Y2 avec deux indicateurs respectifs. Le problème que nous allons discuter est de savoir combien est l'effet de X1 et X2 avec leurs indicateurs respectifs sur Y1 et son impact sur Y2 avec ses indicateurs. Le modèle est le suivant

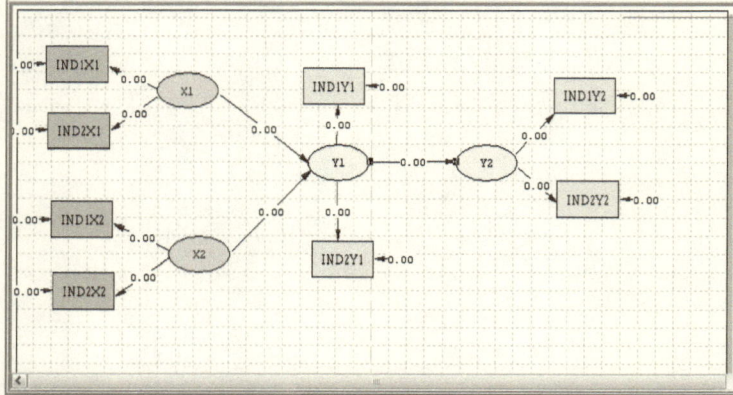

Les données sont les suivantes

Ind1x 1	Ind2x 1	X 1	Ind1x 2	Ind2x 2	X 2	Ind1y 1	Ind2y 1	Y 1	Ind1y 2	Ind2y 2	Y 2
18	17	16	15	18	17	16	15	16	16	17	18
15	17	18	12	15	17	18	12	18	12	15	17
17	14	16	14	17	14	16	14	16	14	17	14
14	14	14	13	14	14	14	13	14	13	14	14
15	15	16	12	15	15	16	12	16	13	16	18
17	15	16	13	17	15	16	13	16	13	17	15
13	16	12	14	13	16	12	14	12	14	13	16
19	19	20	11	19	19	20	11	20	11	19	19

Modélisation par équation structurelle: Théorie et application

15	16	17	14	15	16	17	14	17	14	15	16
19	19	18	14	19	19	18	14	18	15	18	20
14	16	17	12	14	16	17	12	17	12	14	16
15	11	15	10	15	11	15	10	15	10	15	11
14	14	13	12	14	14	13	12	13	12	14	14
16	16	18	11	16	16	18	11	18	12	17	18
10	14	16	12	10	14	16	12	16	12	10	14
13	15	17	13	13	15	17	13	17	13	13	15
19	12	17	14	19	12	17	14	17	14	19	12
15	12	16	14	15	12	16	14	16	14	15	12
15	12	14	15	15	12	14	15	14	16	17	14
16	14	15	14	16	14	15	14	15	14	16	14
12	11	15	14	12	11	15	14	15	14	12	11
18	16	14	14	18	16	14	14	14	14	18	16
13	15	15	11	13	15	15	11	15	11	13	15
14	14	13	12	14	14	13	12	13	12	14	14
13	13	17	11	13	13	17	11	17	12	14	15
10	10	12	9	10	10	12	9	12	9	10	10
13	17	13	9	13	17	13	9	13	9	13	17
12	12	11	10	12	12	11	10	11	10	12	12
11	14	12	8	11	14	12	8	12	8	11	14
9	14	8	7	9	14	8	7	9	8	10	13
10	10	13	12	10	10	13	12	13	12	10	10
8	12	12	9	8	12	12	9	12	9	8	12
13	14	12	10	13	14	12	10	12	10	13	14
8	15	14	9	8	15	14	9	14	9	8	15
11	8	12	10	11	8	12	10	12	11	12	13
13	13	16	11	13	13	16	11	16	11	13	13
11	14	11	9	11	14	11	9	11	9	11	14
9	15	14	11	9	15	14	11	14	11	9	15
15	11	12	12	15	11	12	12	12	12	15	11
11	12	15	8	11	12	15	8	15	10	13	15
11	12	13	8	11	12	13	8	13	8	11	12
9	14	14	9	9	14	14	9	14	9	9	14
10	17	11	9	10	17	11	9	11	9	10	17
9	10	12	8	9	10	12	8	12	8	9	10
12	9	12	7	12	9	12	7	12	9	11	13
13	15	15	8	13	15	15	8	15	12	13	15
13	8	14	10	13	8	14	10	14	10	13	8
14	11	11	9	14	11	11	9	11	9	14	11
11	13	10	9	11	13	10	9	10	9	11	13
12	13	15	13	12	13	15	13	15	12	11	10
13	14	13	12	13	14	13	12	13	12	13	14
13	13	14	10	13	13	14	10	14	10	13	13
15	16	16	15	15	16	16	15	16	15	15	16
12	12	14	12	12	12	14	12	14	12	12	12
13	12	15	9	13	12	15	9	15	11	14	16
15	15	16	14	15	15	16	14	16	14	15	15
14	18	12	10	14	18	12	10	12	10	14	18
13	11	13	11	13	11	13	11	13	11	13	11
10	11	13	12	10	11	13	12	13	12	10	11
16	18	16	12	16	18	16	12	16	14	15	17
14	11	11	10	14	11	11	10	11	10	14	11
17	12	12	13	17	12	12	13	12	13	17	12
16	14	13	12	16	14	13	12	13	12	16	14
14	15	12	10	14	15	12	10	12	10	14	15
13	11	14	10	13	11	14	10	14	11	14	13
13	11	14	11	13	11	14	11	14	11	13	11
12	11	14	9	12	11	14	9	14	9	12	11

13	14	13	10	13	14	13	10	13	10	13	14
15	12	13	9	15	12	13	9	13	9	15	12
13	13	17	12	13	13	17	12	17	13	14	15
13	14	12	11	13	14	12	11	12	11	13	14
13	16	15	12	13	16	15	12	15	12	13	16
15	14	15	12	15	14	15	12	15	12	15	14
14	13	15	10	14	13	15	10	15	10	14	13
14	14	13	10	14	14	13	10	13	12	13	15
16	16	18	15	16	16	18	15	18	15	16	16
20	19	22	17	20	19	22	17	22	17	20	19
17	20	20	16	17	20	20	16	20	16	17	20
16	20	20	15	16	20	20	15	20	15	16	20
18	16	16	16	18	16	16	16	16	14	15	13
15	18	19	12	15	18	19	12	19	12	15	18
16	19	19	12	16	19	19	12	19	12	16	19
20	16	15	13	20	16	15	13	15	13	20	16
21	22	22	19	21	22	22	19	22	19	21	22
19	19	19	12	19	19	19	12	19	15	16	17
18	15	16	13	18	15	16	13	16	13	18	15
18	19	20	12	18	19	20	12	20	12	18	19
17	15	18	12	17	15	18	12	18	12	17	15
21	17	20	17	21	17	20	17	20	17	21	17
16	17	19	17	16	17	19	17	19	15	14	13
16	19	18	16	16	19	18	16	18	16	16	19
19	16	20	16	19	16	20	16	20	16	19	16
17	19	18	16	17	19	18	16	18	16	17	19
19	18	21	13	19	18	21	13	21	13	19	18
21	17	20	19	21	17	20	19	20	16	18	16
19	16	17	15	19	16	17	15	17	15	19	16
19	15	19	15	19	15	19	15	19	15	19	15
17	19	19	15	17	19	19	15	19	15	17	19
19	19	19	12	19	19	19	12	19	12	19	19
18	17	19	14	18	17	19	14	19	15	16	13

4.2 Solution

Pour résoudre le problème, procédez comme suit
Tout d'abord: entrer les données dans IBM SPSS dan Beri nama case2.sav

Deuxièmement: faire la matrice de corrélation en utilisant les étapes suivantes.

- Activer programme LISREL
- Sélectionnez Fichier> Données d'entrée en format libre avec les fichiers de type sélectionnez SPSS
- L'emplacement de fichier case2.sav
- Ouvrir
- Statistiques Sélectionnez> Options de sortie
- Au choix du moment Matrixs sélectionnez corrélation
- Au gré de l'enregistrement des données (v) sauvegarder les données Transformé dans un fichier. Enregistrer sous case2.cor

Modélisation par équation structurelle: Théorie et application

Troisième: Faire un diagramme de chemin

Des mesures pour rendre le schéma de chemin est le suivant.

- Fichier> Nouveau> Chemin diagramme> OK
- Enregistrer sous affaire1 en cliquant sur la commande de Save
- Sélectionnez Configurer> Titre et commentaires pour écrire un titre et des commentaires> Suivant
- **étiquettes de groupe> Suivant**
- indicateurs de type sur la colonne de gauche nommé comme variables observées (la valeur par défaut du programme ne fournit que deux indicateurs le reste doit être ajouté conformément à notre modèle) et le type des variables latentes dans coloumn appelé comme variables avec les Latent façons suivantes:

    o Entrez dans les variables observées IND1X1 et IND2X1. Pour ajouter le prochain indicateur sélectionner ADD / LIRE VARIABLES, chèque (v) les options de ADD LISTE DES VARIABLES. A l'option de type VAR LISTE IND1X2 puis cliquez sur OK. Faites-le de la même manière jusqu'à l'indicateur de IND2Y2.

- Ajouter les variables latentes de X1, X2, Y1 et Y2 dans coloumn des variables avec les Latent façons suivantes.
    o Cliquez sur l'option Ajouter des variables Latent, puis tapez X1 à la case disponible puis cliquez sur OK. Faites de la même manière pour la variable de X2, Y1 et Y2.
    o Sélectionnez ensuite:

- A données Dialog, changer dans les options suivantes:
    o **Résumé des statistiques,** sélectionnez corrélations
    o **Nombre d'observations**: Type 100
    o **Matrice à analyser** sélectionnez corrélations
    o **Type de fichier** sélectionnez Données ASCII externe> Parcourir et trouver l'emplacement de case2.cor> Ouvrir> OK
- Faire le chemin Schéma avec le nom de case2.pth comme le modèle ci-dessus avec les moyens suivants:
    o Sur l'écran du côté gauche il y a une option de Observé et Y, chèque (v) aux indicateurs de IND1Y1, IND2Y1, IND1Y2 et IND2Y2 à la case disponible.
    o Sur l'écran de contrôle et Latent ETA (v) à Y1 et Y2 à la case disponible

Pour tracer le diagramme du modèle est de faire glisser tous les inicators et les variables latentes un par un dans l'espace dessin disponible. Tout d'abord commencer à partir des indicateurs et suivi de variables latentes. Pour connecter les

avons choisi le menu Dessin> One Way chemin. Ensuite, mettre les variables latentes et faites-le glisser dans chaque indicateur. À titre d'exemple, commencez par X1 à IND1X1 et IND2X1. Faites-le de la même manière pour le X2, les variables latentes Y1 et Y2 dans leur indicateur respectif. Quand il a terminé puis connectez X1 et X2 à Y1 puis à Y2. Le résultat est le suivant.

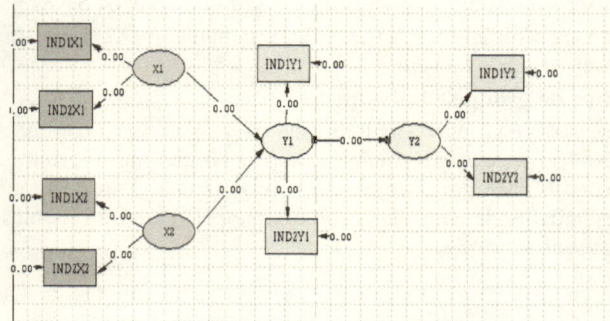

- Sélectionnez Configurer> Construire SIMPLIS Syntaxe
- *Exécuter Lisrel*

4.3 Résultats
Le résultat est le suivant.
Le résultat de construction SIMPLIS Syntaxe

```
cas n ° 2
Les variables observées
IND1X1 IND2X1 IND1X2 IND2X2 IND1Y1 IND2Y1 IND1Y2 IND2Y2
Matrice de corrélation de fichier « D: case2.COR »
Taille de l'échantillon = 100
Latent Variables Y1 Y2 X1 X2
Des relations
IND1Y1 = Y1
IND2Y1 = Y1
IND1Y2 = Y2
IND2Y2 = Y2
IND1X1 = X1
IND2X1 = X1
IND1X2 = X2
IND2X2 = X2
Y2 = Y1
Y1 = X1 X2
chemin Schéma
Fin du problème
```

Modélisation par équation structurelle: Théorie et application

Estimation Résultat de l'essai Lisrel

Chemin Schéma de sortie

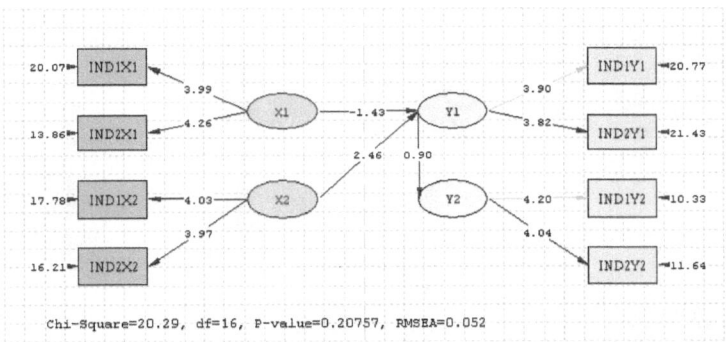

Résultats textuels

LISREL 8,70
PAR
Karl G. & Jöreskog Dag Sörbom
Ce programme est publié exclusivement par
Scientific Software International, Inc.
7383 N. Lincoln Avenue, Suite 100
Lincolnwood, IL 60712, USA
Téléphone: (800) 247-6113, (847) 675-0720, Fax: (847)675-2140
Droit d'auteur par Scientific Software International, Inc., 1981-2004
L'utilisation de ce programme est soumis aux conditions spécifiées dans la Convention universelle sur le droit d'auteur.
Site Web: www.ssicentral.com
Les lignes suivantes ont été lues à partir du fichier
Les variables observées
IND1X1 IND2X1 IND1X2 IND2X2 IND1Y1 IND2Y1 IND1Y2 IND2Y2
Matrice de corrélation de fichier « D: case2.COR »
Taille de l'échantillon = 100
Latent Variables Y1 Y2 X1 X2
Des relations

IND1Y1 = Y1
IND2Y1 = Y1
IND1Y2 = Y2
IND2Y2 = Y2
IND1X1 = X1
IND2X1 = X1
IND1X2 = X2
IND2X2 = X2
Y2 = Y1
Y1 = X1 X2
chemin Schéma
Fin du problème

Taille de l'échantillon = 100

Matrice covariance

      IND1Y1 IND2Y1 IND1Y2 IND2Y2 IND1X1 IND2X1
-------- -------- -------- -------- -------- --------
IND1Y1 36,00
IND2Y1 12.00 36.00
IND1Y2 14.00 16.00 28.00
IND2Y2 16.00 14.00 17.00 28.00
IND1X1 12.00 12.00 17.00 17.00 36.00
IND2X1 15.00 15.00 14.00 18.00 17.00 32.00
IND1X2 17.00 17.00 16.00 15.00 15.00 18.00
18.00 17.00 IND2X2 14.00 17.00 16.00 15.00

Matrice covariance

      IND1X2 IND2X2
-------- --------
IND1X2 34.00
IND2X2 16.00 32.00

Nombre de Iterations = 46

Les estimations LISREL (maximum) Likelihood
    Les équations mesure
  IND1Y1 = 3,90 * Y1, Errorvar. = 20,77, R^2 = 0,42
              (3,28)
              6,33

  IND2Y1 = 3,82 * Y1, Errorvar. = 21,43, R^2 = 0,40
    (0,69) (3,35)
     5,54 6,39

IND1Y2 = 4,20 * Y2, Errorvar. = 10,33, R^2 = 0,63
        (2,26)
        4,57

IND2Y2 = 4,04 * Y2, Errorvar. = 11,64, R^2 = 0,58
    (0,55) (2,30)
    7,38 5,07

IND1X1 = 3,99 * X1, Errorvar. = 20,07, R^2 = 0,44
    (0,59) (3,52)
    6,75 5,70

IND2X1 = 4,26 * X1, Errorvar. = 13,86, R^2 = 0,57
    (0,55) (3,07)
    7,68 4,52

IND1X2 = 4,03 * X2, Errorvar. = 17,78, R^2 = 0,48
    (0,56) (3,14)
    7,18 5,67

IND2X2 = 3,97 * X2, Errorvar. = 16,21, R^2 = 0,49
    (0,54) (2,93)
    7,31 5,53

Les équations structurelles
Y1 = -. 1,43 * X1 + X2 * 2,46, Errorvar = -0,30, R^2 = 1,30
    (5,60) (5,59) (0,77)
    -0,25 0,44 -0,39
Y2 = 0,90 * Y1, Errorvar. = 0,19, R^2 = 0,81
    (0,15) (0,11)
    6.10 1.67

Les équations de forme réduite
Y1 = -. 1,43 * X1 + X2 * 2,46, Errorvar = -0,30, R^2 = 1,30
    (5,60) (5,59)
    -0,25 0,44

Y2 = -. 1.29 * X1 + 2,22 * X2, Errorvar = -0,056, R^2 = 1,06
    (5,05) (5,04)
    -0,26 0,44

Matrice de corrélation des variables indépendantes

```
         X1   X2
       ------- -------
X1  1,00

X2  0,97  1,00
    (0,09)
    10,64
```

Matrice de covariance variables Latent

```
        X1    X2    Y1    Y2
      ------- ------- ------- -------
1,00 Y1
Y2  0,90  1,00
X1  0,96  0,86  1,00
X2  1,08  0,98  0,97  1,00
```

Bonté des statistiques Fit
Degrés de liberté = 16
Fit minimum Fonction chi carré = 20,75 (P = 0,19)
Théorie normale pondérée des moindres carrés chi carré = 20,29 (P = 0,21)
Paramètre non-centralité estimé (PCN) = 4,29
90 Pourcentage intervalle de confiance pour NCP = (0,0; 20,02)
Ajuster au minimum Fonction Valeur = 0,21
Population Divergence Fonction Valeur (F0) = 0,043
90 Pourcentage intervalle de confiance pour F0 = (0,0; 0,20)
Root Mean Square erreur d'approximation (AEMQ) = 0,052
90 Pourcentage intervalle de confiance pour RMSEA = (0,0; 0,11)
P-Value pour le test de proximité Fit (RMSEA <0,05) = 0,44
Indice de validation croisée attendue (ECVI) = 0,61
90 Pourcentage intervalle de confiance pour ECVI = (0,57; 0,77)
ECVI pour le modèle Saturés = 0,73
ECVI pour l'indépendance modèle = 6,72
Chi-Square pour le modèle Indépendance avec 28 degrés de liberté = 649,66
Indépendance AIC = 665,66
Modèle AIC = 60,29
AIC = 72,00 Saturé
Indépendance CAIC = 694,50
Modèle CAIC = 132,39
Saturé CAIC = 201,79
Normé Fit Index (NFI) = 0,97
Non Normed Fit Index (de NNFI) = 0,99
Parcimonie Normed Index Fit (IFNP) = 0,55
Indice comparatif Fit (CFI) = 0,99
Incremental Index Fit (FII) = 0,99

> Indice relatif Fit (RFI) = 0,94
> N Critical (CN) = 153,71
> Root Mean Square résiduel (TMR) = 1,31
> Standardisé = 0,039 TMR
> Fit Index de la bonté (GFI) = 0,95
> Bonté ajusté de l'indice Fit (PAGF) = 0,89
> Parcimonie Goodness Indice Fit (en PGFI) = 0,42

4.4 interprétation

L'interprétation principale peut être fait à partir du résultat du diagramme de chemin ci-dessus et de la sortie de texte. Là deux choses que nous devrions interpréter, à savoir l'estimation des paramètres et de la bonté des valeurs d'ajustement.

Première partie: l'estimation du paramètre, à savoir chemin coefficents

- L'effet de la eksogen variable latente exogène (de $\xi1$) de X1 sur la variable latente endogène ($\eta1$) de Y1 est de 1,43
- L'effet de la eksogen variable latente exogène (de $\xi2$) de X2 sur la variable latente endogène ($\eta1$) de Y1 est 2,46
- L'effet de la variable latente intermédiaire ($\eta\ 2$) de Y1 sur la variable latente endogène ($\eta2$) de Y2 est de 0,90

Toutes les valeurs ci-dessus sont prises à partir de la sortie du diagramme de chemin.

Les équations mesure

Les valeurs sont les coefficients de chemin de la variable latente endogène Y1 et Y2 à ses indicateurs de IND1Y1 et IND2Y1

- L'effet de variable latente endogène Y1 sur l'indicateur de IND1Y1 est 3,90

- L'effet de la variable latente endogène Y1 sur l'indicateur de IND2Y1 est 3,82

- L'effet de variable latente endogène Y2 sur l'indicateur de IND1Y2 est 4,20

- L'effet de la variable latente endogène Y2 sur l'indicateur de IND2Y2 est

4.04

Les valeurs sont les coefficients de chemin de la variable latente exogène X1 à ses indicateurs de IND1X1 et IND2X1

- L'effet de la variable latente exogène X1 sur l'indicateur de IND1X1 est 3,99

- L'effet de la variable latente exogène X1 sur l'indicateur de IND2X1 est 4,26

Les valeurs sont les coefficients de chemin de la variable latente exogène X2 à ses indicateurs de IND1X2 et IND2X2

- L'effet de la variable latente exogène X2 sur l'indicateur de IND1X2 est 4,03

- L'effet de la variable latente exogène X2 sur l'indicateur de IND2X2 est 3,97

La valeur de R2 dans l'équation structurelle

La valeur est le coefficient de trajet du X1 et X2 variable latente exogène à Y1 variable latente endogène et son impact sur Y2

Y1 = -. 1,43 * X1 + X2 * 2,46, Errorvar = -0,30, R^2 = 1,30. L'effet de X1 et X2 variable latente exogène sur la variable latente endogène Y1 est 1,30

Y2 = 0,90 * Y1, Errorvar. = 0,19, R^2 = 0,81 L'effet de Y1 sur la variable latente endogène Y2 est 0,81

Ces valeurs sont prises à partir de la sortie textuelle

Deuxième partie: Les valeurs de qualité de l'ajustement

Ces valeurs sont utilisées pour voir si le modèle que nous faisons est correcte ou incorrecte. Certaines valeurs sont les suivantes:

- Probabilité (P - Valeur): 0,20755. Cette valeur, suivant le schéma de chemin, est utilisé pour voir la bonté de l'ajustement du modèle. Pour effectuer les tests de la qualité de l'ajustement du modèle, procédez comme suit:

Faire l'hypothèse suivante

H0: Modèle que nous faisons est correcte

H1: Modèle que nous faisons est incorrect

Utilisez les critères suivants pour tester l'hypothèse

Si la valeur de p <0,05 H0 et acceptent rejet H1

Si la valeur de p> 0,05 accepter H0 et H1 rejet

Parce que donc la valeur de probabilité autant que 0,20755> 0,05 accepter H0 et rejeter H1. Cela signifie que le modèle que nous faisons est correct.

Qualité de l'ajustement du modèle basé sur la bonté absolue de l'indice Fit

Toutes les valeurs sont prises à partir de la sortie de texte à la Bonté des statistiques Fit. Comme les informations, chaque valeur de cette sortie évalue la qualité de l'ajustement du modèle de différentes perspectives. De plus, chaque valeur ne produira pas le même résultat. Il génère partiellement différent évaluation vers le modèle que nous faisons. Dans une valeur modèle peut être évaluée comme « bon modèle ». Dans une autre valeur, le modèle peut être évalué comme « mauvais modèle »

- o Chi Square: 20,19. Idéal Chi valeur Square est <3. La sortie montre autant que 20,19 ce qui signifie que la qualité de l'ajustement n'est pas remplie encore du point de vue de cette valeur.
- o Fit Index de la bonté (GFI) = 0,95. La valeur de la sortie est de 0,95. Il montre que le modèle est bon. Parce que sa valeur approche 1. La valeur GFI varie de 0 -1. Plus la valeur plus le modèle est. Cette valeur est utilisée pour mesurer la quantité relative de la variance et covariance.

o Root Mean Square erreur d'approximation (AEMQ) = 0,052 (0,05) .Ce qui signifie que le modèle du point de vue de RMSEA a déjà satisfait à l'exigence parce que la valeur de RMSEA idéale est d'environ 0,05 à 0,08. Les fonctions de valeur de RMSEA en tant que critères de modélisation de la structure de covariance dans la population. La qualité de l'ajustement peut être atteint lorsque la matrice de covariance à échantillon est égale à la matrice de covariance à la population. Lorsque la valeur augmente au-dessus de 0,08, cela signifie qu'il n'y a pas de concordance entre la matrice de covariance à l'échantillon et de la matrice de covariance à population

o Root Mean Square résiduel (TMR) = 1,131. La valeur est comprise RMR 0-1, un modèle est considéré comme bon lorsque la valeur RMR est <0,05. Parce que la valeur TMR autant que 1,131> 0,05; le modèle est pas bon. Cette valeur est la moyenne du résidu normalisé. Résiduelle est la différence entre la valeur observée et celle prédite.

La qualité de l'ajustement du modèle de base sur la Bonté supplémentaire de Fit Index

Les valeurs suivantes sont prises à partir de la sortie du texte même que les valeurs ci-dessus.

o Indice attendu de validation croisée (ECVI) = 0,61. La valeur ECVI n'a pas une gamme. La disposition est plus la valeur plus le modèle est. Cette valeur est utilisée pour mesurer la différence entre la matrice de covariance de l'échantillon étudié et de la matrice de covariances provenant d'autres échantillons égaux. Lorsque le modèle a la plus petite valeur de ECVI, alors un tel modèle peut être reproduit.

o Modèle AIC = 60,29. Plus la valeur est plus le modèle est. De la sortie est la valeur 60,29 est inférieure à la valeur AIC indépendante autant que 694,50. Le modèle est bon car il a une valeur plus faible par rapport à la valeur AIC indépendante.

o Normé Fit Index (NFI) = 0,97. La valeur i NFI varie de 0 -1. Étant donné que la valeur NFI de la sortie est de 0,97 le modèle est bon. La valeur de l'IFN est dérivé de la comparaison entre le modèle hypothétique avec un certain modèle indepedent.

o Index comparatif Fit (FCI) = 0,99. La valeur CFI varie de 0 -1 Puisque la valeur CFI de la sortie est de 0,99, car il se rapproche de 1, le modèle est bon. Il montre que le modèle que nous faisons est fermé le modèle théorique.

- Indice relatif Fit (RFI) = 0,94. La valeur de RFI est comprise entre 0 -1, où la valeur proche de 1, il montre que le modèle est de mieux en mieux. La valeur idéale est de 0,95. La sortie montre la valeur de RFI est 0,94 sens que le modèle est bon modéré. Cette valeur est dérivée de la NFI.

- Critical N (CN) = 153,71. La valeur de la sortie est 153,71. Il montre que le modèle est pas bon puisque la valeur idéale CN devrait être plus de 200. Cette valeur CN se rapporte à la taille de l'échantillon. La taille de l'échantillon idéal de la recherche devrait à plus de 200.

- Bonté ajusté de l'indice Fit (PAGF) = 0,89. La valeur PAGF idéale est ≤0.9. Depuis la sortie montre 0,89 <0,9 alors le modèle est bon. Cette valeur est la même chose avec la valeur de GFI. La différence se situe sur le degré ajusté de la valeur liberté (DF).

- Parcimonie Goodness Indice Fit (PGFI) = 0,42. fonctions du modèle Parcimonie en contrepartie de la complexité du modèle hypothétique par rapport à l'ensemble de la bonté du modèle d'ajustement. La valeur idéale est de 0,9. Étant donné que la valeur jusqu'à 0,42 <0,9 alors le modèle entier n'est pas bon.

Remarques: il est à noter que chaque valeur va générer les différents résultats de l'évaluation du modèle; on peut donc utiliser que l'indice absolu de qualité de l'ajustement du modèle. Cependant, le cas échéant, on peut utiliser l'indice supplémentaire de qualité de l'ajustement du modèle. Dans les recherches réelles, il est en fait très difficile de faire un bon modèle de toutes les valeurs ci-dessus; Néanmoins, nous pouvons au moins satisfaire aux exigences de base de l'indice absolu.

4.5 Test d'hypothèse Utilisation de la valeur t

Pour générer la valeur de t, sélectionnez t valeurs menu et le résultat sera le suivant

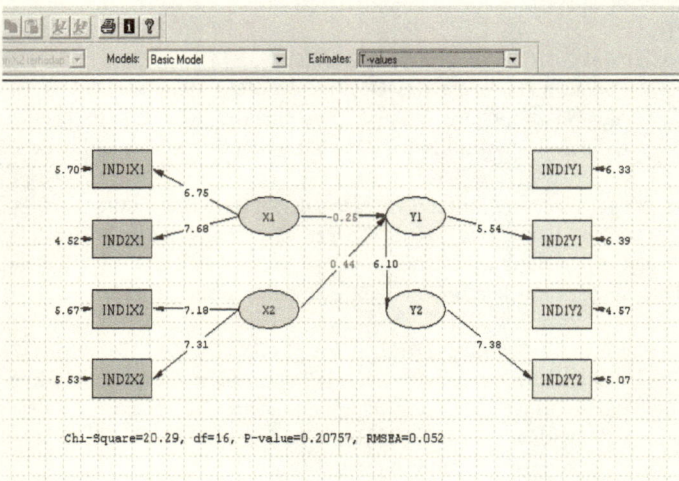

Les étapes pour calculer la valeur de t est la suivante

- A la position du diagramme de chemin clic curseur à tout endroit de sorte que le menu principal affiche les estimations puis sélectionnez la boîte de dialogue des valeurs T.

Les valeurs de t sont les suivantes:

- A partir de la variable latente de X1 à Y1 est de 0,25
- A partir de la variable latente de X2 à Y1 est 0,44
- A partir de la variable latente intermédiaire de Y1 à Y2 est 6.10

Ces valeurs seront utilisées pour faire des tests d'hypothèses. La valeur t de la sortie est aussi appelé observation T (to).

Première hypothèse: L'effet de X1 sur Y1

Pour effectuer des tests d'hypothèses utiliser les étapes suivantes

hypothèse d'État est la suivante

H0: La variable latente X1 n'affecte pas la variable latente Y1 significativement

H1: La variable latente X1 affecte de manière significative la variable latente Y1

Calculer la table de t (Ta)

La disposition est la suivante: utilisation de la valeur p ou a autant que 0,05 et degré de liberté (DF) de n-2. Le nombre de cas est de 100; si la valeur DF: = 100-2 98. Le t 0,05; 98 à partir de la table de t est 1,645. Le tableau t est aussi appelé Ta.

Utilisez les critères suivants pour tester l'hypothèse

Si à> Ta, puis rejeter H0 et accepter H1

Si à <Ta, puis accepter H0 et rejeter H1

Enfin, prendre la décision comme suit

De la sortie de l'est de 0,25 <1,645 Ta; ainsi accepter H0 et rejeter H1. Cela signifie que la variable latente X1 ne modifie pas significativement la variable latente Y1.

Deuxième hypothèse: L'effet de X2 sur Y1

Pour effectuer la deuxième test d'hypothèses utiliser les étapes suivantes

hypothèse d'État est la suivante

H0: La variable latente X2 n'affecte pas la variable latente Y1 significativement

H1: La variable latente X2 affecte de manière significative la variable latente Y1

Calculer la table de t (Ta)

La disposition est la suivante: utilisation de la valeur p ou a autant que 0,05 et degré de liberté (DF) de n-2. Le nombre de cas est de 100; si la valeur DF: = 100-2 98. Le t 0,05; 98 à partir de la table de t est 1,645. Le tableau t est aussi appelé Ta.

Utilisez les critères suivants pour tester l'hypothèse

Si à> Ta, puis rejeter H0 et accepter H1

Si à <Ta, puis accepter H0 et rejeter H1

Enfin, prendre la décision comme suit

De la sortie du à 0,44 est <1,645 Ta; ainsi accepter H0 et rejeter H1. Cela signifie que la variable latente X2 ne modifie pas significativement la variable latente Y1.

Troisième hypothèse: L'effet de Y1 Y2 sur

Pour effectuer la deuxième test d'hypothèses utiliser les étapes suivantes

hypothèse d'État est la suivante

H0: La Y1 intermédiaire variable latente n'affecte pas significativement la variable latente Y2

H1: La variable latente Y1 intervenant affecte de manière significative la variable latente Y2

Calculer la table de t (Ta)

La disposition est la suivante: utilisation de la valeur p ou a autant que 0,05 et degré de liberté (DF) de n-2. Le nombre de cas est de 100; si la valeur DF: = 100-2 98. Le t 0,05; 98 à partir de la table de t est 1,645. Le tableau t est aussi appelé Ta.

Utilisez les critères suivants pour tester l'hypothèse

Si à> Ta, puis rejeter H0 et accepter H1

Si à <Ta, puis accepter H0 et rejeter H1

Enfin, prendre la décision comme suit

De la sortie du à 6.10 est> 1,645 Ta; rejeter ainsi H0 et accepter H1. Cela signifie que la variable latente intermédiaire Y1 affecte de manière significative la variable latente Y2

Conclusion

La conclusion de cette recherche est la suivante.

- Le modèle de relation entre X1 et X2 avec leurs indicateurs avec Y1 et Y2 avec leurs indicateurs est bon.
- L'effet de X1 (ξ1) sur Y1 (η1) est 1,37 et est non significatif
- L'effet de X2 (ξ2) sur Y1 (η1) est 2,46 et est non significatif
- L'effet de Y1 (η1) sur Y2 (η2) est de 0,90 et est significatif

4.6 exerices

Faire le schéma de chemin comme un exemple ci-dessous. Ensuite, effectuer des tests d'hypothèse sur la relation entre X1, X2 et X3 à Y; X1 et X3 à Y2 à Y2; ainsi que Y1 à Y2. Asses le modèle aussi bien avec l'indice de qualité de l'ajustement. Ce qui suit est le modèle.

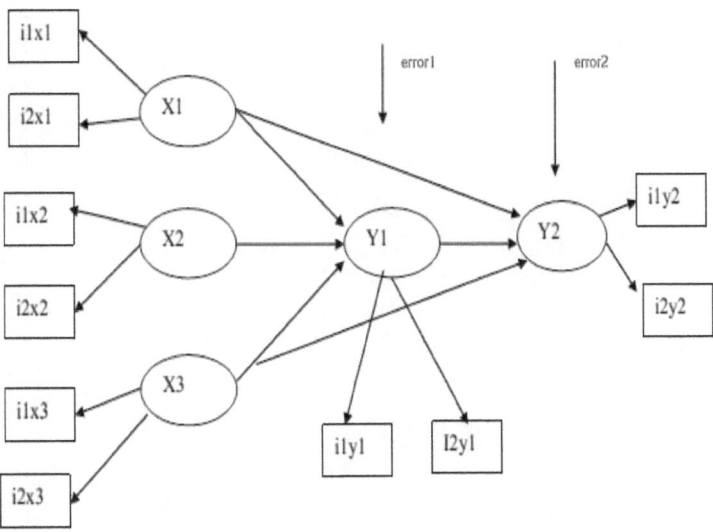

Utilisez les données suivantes.

i1X1	i2X1	X1	i1X2	I2X2	X2	i1X3	i2X3	X3	i1Y1	i2Y1	Y1	i1Y2	i2Y2	Y2

CHAPITRE 5
APPLICATION DE CBSSEM 3

5.1 Un exogène - endogène - modèle de modération

Dans cet exemple, nous allons faire un modèle de relation entre la X1 variable latente exogène (une variable indépendante) et X2 comme variable du modérateur avec deux indicateurs, une variable latente endogène variable intermédiaire Y1 et Y2 (une variable dépendante) avec deux indicateurs respectifs. La relation entre Y1 et Y2 est modéré par X2 Le problème que nous allons discuter est de savoir combien est l'effet de X1 avec ses indicateurs sur Y1 et combien est l'effet de Y1 Y2 modéré par le X2. Le modèle est le suivant

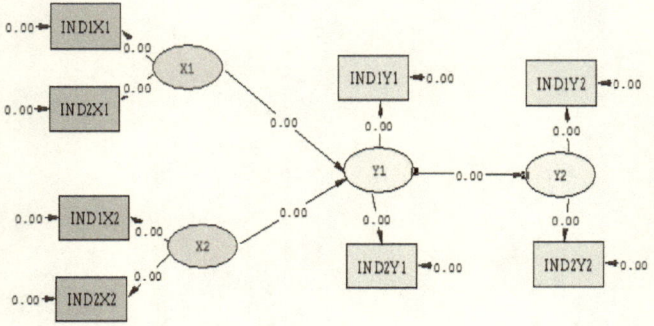

Les données sont les suivantes.

Ind1x1	Ind2x1	X1	Ind1x2	Ind2x2	X2	Ind1y1	Ind2y1	Y1	Ind1y2	Ind2y2	Y2
14	12	11	11	13	14	16	15	16	16	17	18
15	17	18	12	15	17	18	12	18	12	15	17
17	14	16	14	17	14	16	14	16	14	17	14
14	14	14	13	14	14	14	13	14	13	14	14
11	12	11	13	10	15	16	12	16	13	16	18
17	15	16	13	17	15	16	13	16	13	17	15
13	16	12	14	13	16	12	14	12	14	13	16
19	19	20	11	19	19	20	11	20	11	19	19
15	16	17	14	15	16	17	14	17	14	15	16
19	19	18	14	19	19	18	14	18	15	18	20
14	16	17	12	14	16	17	12	17	12	14	16
15	11	15	10	15	11	15	10	15	10	15	11
14	14	13	12	14	14	13	12	13	12	14	14
16	16	18	11	16	16	18	11	18	12	17	18
10	14	16	12	10	14	16	12	16	12	10	14
13	15	17	13	13	15	17	13	17	13	13	15
19	12	17	14	19	12	17	14	17	14	19	12
15	12	16	14	15	12	16	14	16	14	15	12
15	12	14	15	15	12	14	15	14	16	17	14
16	14	15	14	16	14	15	14	15	14	16	14
12	11	15	14	12	11	15	14	15	14	12	11
18	16	14	14	18	16	14	14	14	14	18	16
13	15	15	11	13	15	15	11	15	11	13	15
14	14	13	12	14	14	13	12	13	12	14	14
13	13	17	11	13	13	17	11	17	12	14	15
10	10	12	9	10	10	12	9	12	9	10	10
13	17	13	9	13	17	13	9	13	9	13	17
12	12	11	10	12	12	11	10	11	10	12	12
11	14	12	8	11	14	12	8	12	8	11	14
9	14	8	7	9	14	8	7	9	8	10	13
10	10	13	12	10	10	13	12	13	12	10	10
8	12	12	9	8	12	12	9	12	9	8	12
13	14	12	10	13	14	12	10	12	10	13	14
8	15	14	9	8	15	14	9	14	9	8	15
11	8	12	10	11	8	12	10	12	11	12	13

13	13	16	11	13	13	16	11	16	11	13	13
11	14	11	9	11	14	11	9	11	9	11	14
9	15	14	11	9	15	14	11	14	11	9	15
15	11	12	12	15	11	12	12	12	12	15	11
11	12	15	8	11	12	15	8	15	10	13	15
11	12	13	8	11	12	13	8	13	8	11	12
9	14	14	9	9	14	14	9	14	9	9	14
10	17	11	9	10	17	11	9	11	9	10	17
9	10	12	8	9	10	12	8	12	8	9	10
12	9	12	7	12	9	12	7	12	9	11	13
13	15	15	8	13	15	15	8	15	12	13	15
13	8	14	10	13	8	14	10	14	10	13	8
14	11	11	9	14	11	11	9	11	9	14	11
11	13	10	9	11	13	10	9	10	9	11	13
12	13	15	13	12	13	15	13	15	12	11	10
13	14	13	12	13	14	13	12	13	12	13	14
13	13	14	10	13	13	14	10	14	10	13	13
15	16	16	15	15	16	16	15	16	15	15	16
12	12	14	12	12	12	14	12	14	12	12	12
13	12	15	9	13	12	15	9	15	11	14	16
15	15	16	14	15	15	16	14	16	14	15	15
14	18	12	10	14	18	12	10	12	10	14	18
13	11	13	11	13	11	13	11	13	11	13	11
10	11	13	12	10	11	13	12	13	12	10	11
16	18	16	12	16	18	16	12	16	14	15	17
14	11	11	10	14	11	11	10	11	10	14	11
17	12	12	13	17	12	12	13	12	13	17	12
16	14	13	12	16	14	13	12	13	12	16	14
14	15	12	10	14	15	12	10	12	10	14	15
13	11	14	10	13	11	14	10	14	11	14	13
13	11	14	11	13	11	14	11	14	11	13	11
12	11	14	9	12	11	14	9	14	9	12	11
13	14	13	10	13	14	13	10	13	10	13	14
15	12	13	9	15	12	13	9	13	9	15	12
13	13	17	12	13	13	17	12	17	13	14	15
13	14	12	11	13	14	12	11	12	11	13	14
13	16	15	12	13	16	15	12	15	12	13	16
15	14	15	12	15	14	15	12	15	12	15	14
14	13	15	10	14	13	15	10	15	10	14	13
14	14	13	10	14	14	13	10	13	12	13	15
16	16	18	15	16	16	18	15	18	15	16	16
20	19	22	17	20	19	22	17	22	17	20	19
17	20	20	16	17	20	20	16	20	16	17	20
16	20	20	15	16	20	20	15	20	15	16	20
18	16	16	16	18	16	16	16	16	14	15	13
15	18	19	12	15	18	19	12	19	12	15	18
16	19	19	12	16	19	19	12	19	12	16	19
20	16	15	13	20	16	15	13	15	13	20	16
21	22	22	19	21	22	22	19	22	19	21	22
19	19	19	12	19	19	19	12	19	15	16	17
18	15	16	13	18	15	16	13	16	13	18	15
18	19	20	12	18	19	20	12	20	12	18	19
17	15	18	12	17	15	18	12	18	12	17	15
21	17	20	17	21	17	20	17	20	17	21	17
16	17	19	17	16	17	19	17	19	15	14	13
16	19	18	16	16	19	18	16	18	16	16	19
19	16	20	16	19	16	20	16	20	16	19	16
17	19	18	16	17	19	18	16	18	16	17	19
19	18	21	13	19	18	21	13	21	13	19	18

21	17	20	19	21	17	20	19	20	16	18	16
19	16	17	15	19	16	17	15	17	15	19	16
19	15	19	15	19	15	19	15	19	15	19	15
17	19	19	15	17	19	19	15	19	15	17	19
19	19	19	12	19	19	19	12	19	12	19	19
13	13	14	10	13	12	19	14	19	15	16	13

5.2 Solution

Pour résoudre le problème, procédez comme suit
Tout d'abord: entrer les données dans IBM SPSS dan Beri nama case3.sav

Deuxièmement: faire la matrice de corrélation en utilisant les étapes suivantes.

- Activer programme LISREL
- Sélectionnez Fichier> Données d'entrée en format libre avec les fichiers de type sélectionnez SPSS
- L'emplacement de fichier case3.sav
- Ouvrir
- Statistiques Sélectionnez> Options de sortie
- Au choix du moment Matrixs sélectionnez corrélation
- Au gré de l'enregistrement des données (v) sauvegarder les données Transformé dans un fichier. Enregistrer sous case3.cor

Troisième: Faire un diagramme de chemin

Des mesures pour rendre le schéma de chemin est le suivant.

- Fichier> Nouveau> Chemin diagramme> OK
- Enregistrer sous affaire1 en cliquant sur la commande de Save
- Sélectionnez Configurer> Titre et commentaires pour écrire un titre et des commentaires> Suivant
- **étiquettes de groupe> Suivant**
- indicateurs de type sur la colonne de gauche nommé comme variables observées (la valeur par défaut du programme ne fournit que deux indicateurs le reste doit être ajouté conformément à notre modèle) et le type des variables latentes dans coloumn appelé comme variables avec les Latent façons suivantes:

    o Entrez dans les variables observées IND1X1 et IND2X1. Pour ajouter le prochain indicateur sélectionner ADD / LIRE VARIABLES, chèque (v) les options de ADD LISTE DES VARIABLES. A l'option de type VAR LISTE IND1X2 puis

cliquez sur OK. Faites-le de la même manière jusqu'à l'indicateur de IND2Y2.
- Ajouter les variables latentes de X1, X2, Y1 et Y2 dans coloumn des variables avec les Latent façons suivantes.
    - Cliquez sur l'option Ajouter des variables Latent, puis tapez X1 à la case disponible puis cliquez sur OK. Faites de la même manière pour la variable de X2, Y1 et Y2.
    - Sélectionnez ensuite:

- A données Dialog, changer dans les options suivantes:
    - **Résumé des statistiques,** sélectionnez corrélations
    - **Nombre d'observations**: Type 100
    - **Matrice à analyser** sélectionnez corrélations
    - **Type de fichier** sélectionnez Données ASCII externe> Parcourir et trouver l'emplacement de case2.cor> Ouvrir> OK
- Faire le chemin Schéma avec le nom de case2.pth comme le modèle ci-dessus avec les moyens suivants:
    - Sur l'écran du côté gauche il y a une option de Observé et Y, chèque (v) aux indicateurs de IND1Y1, IND2Y1, IND1Y2 et IND2Y2 à la case disponible.
    - Sur l'écran de contrôle et Latent ETA (v) à Y1 et Y2 à la case disponible

Pour tracer le diagramme du modèle est de faire glisser tous les inicators et les variables latentes un par un dans l'espace dessin disponible. Tout d'abord commencer à partir des indicateurs et suivi de variables latentes. Pour connecter les avons choisi le menu Dessin> One Way chemin. Ensuite, mettre les variables latentes et faites-le glisser dans chaque indicateur. À titre d'exemple, commencez par X1 à IND1X1 et IND2X1. Faites-le de la même manière pour le X2, les variables latentes Y1 et Y2 dans leur indicateur respectif. Quand il a terminé puis connectez X1 et X2 à Y1 puis à Y2. Le résultat est le suivant.

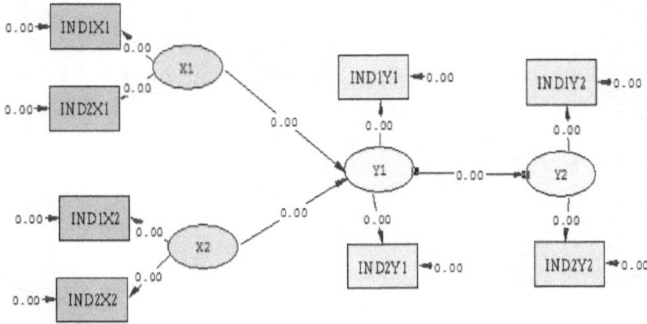

- Sélectionnez Configurer> Construire SIMPLIS Syntaxe
- *Exécuter Lisrel*

Ce qui suit est le résultat:

SIMPLIS session Syntaxe

```
cas n ° 3
Modération
Les variables observées
IND1X1 IND2X1 IND1X2 IND2X2 IND1Y1 IND2Y1 IND1Y2 IND2Y2
Matrice de corrélation de fichier « D: case3.COR »
Taille de l'échantillon = 100
Latent Variables Y1 Y2 X1 X2
Des relations
IND1Y1 = Y1
IND2Y1 = Y1
IND1Y2 = Y2
IND2Y2 = Y2
IND1X1 = X1
IND2X1 = X1
IND1X2 = X2
IND2X2 = X2
Y2 = Y1
Y1 = X1 X2
chemin Schéma
Fin du problème
```

Résultat du diagramme Path est la suivante.

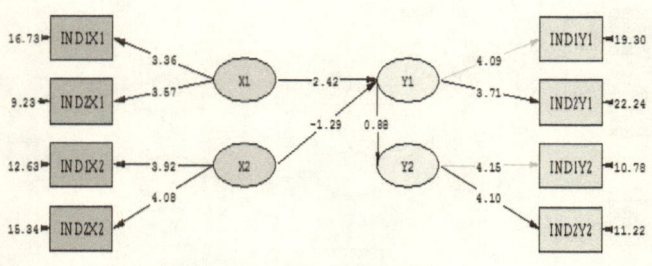

Résultat d'indices textuels Fit sortie est la suivante
- Pour générer l'indice Fit: Presss ctrl F

Degrés de liberté = 16
Fit minimum Fonction chi carré = 29,39 (P = 0,021)
Théorie normale pondérée des moindres carrés chi carré = 28,66 (P = 0,026)
Paramètre non-centralité estimé (PCN) = 12,66
90 Pourcentage intervalle de confiance pour NCP = (1,47; 31,67)
Ajuster au minimum Fonction Valeur = 0,30
Population Divergence Fonction Valeur (F0) = 0,13
90 Pourcentage intervalle de confiance pour F0 = (0,015; 0,32)
Root Mean Square erreur d'approximation (AEMQ) = 0,089
90 Pourcentage intervalle de confiance pour RMSEA = (0,030; 0,14)
P-Value pour le test de proximité Fit (RMSEA <0,05) = 0,11
Indice de validation croisée attendue (ECVI) = 0.69
90 Pourcentage intervalle de confiance pour ECVI = (0,58; 0,89)
ECVI pour le modèle Saturés = 0,73
ECVI pour l'indépendance modèle = 7,73
Chi-Square pour le modèle Indépendance avec 28 degrés de liberté = 749,13
Indépendance AIC = 765,13
Modèle AIC = 68,66
AIC = 72,00 Saturé
Indépendance CAIC = 793,98
Modèle CAIC = 140,76
Saturé CAIC = 201,79
Normé Fit Index (NFI) = 0,96
Non Normed Fit Index (de NNFI) = 0,97
Parcimonie Normed Index Fit (IFNP) = 0,55
Index comparatif Fit (CFI) = 0,98
Incrémental Fit Index (FII) = 0,98
Indice relatif Fit (RFI) = 0,93
N Critical (CN) = 108,78
Root Mean Square résiduel (TMR) = 1,40
Standardisé = 0,046 TMR
Fit Index de la bonté (GFI) = 0,93
Bonté ajusté de l'indice Fit (PAGF) = 0,85
Parcimonie Fit Index de bonté (de PGFI) = 0,41

5.4 interprétation

L'interprétation principale peut être fait à partir du résultat du diagramme de chemin ci-dessus et de la sortie de texte. Là deux choses que nous devrions interpréter, à savoir l'estimation des paramètres et de la bonté des valeurs d'ajustement.

Première partie: l'estimation du paramètre, à savoir chemin coefficents

- L'effet de la eksogen variable latente exogène (de ξ1) de X1 sur la variable latente endogène (ἠ1) de Y1 est 2,42
- L'effet de la variable latente intermédiaire (ἠ 2) de Y1 sur la variable latente endogène (ἠ2) de Y2 modérée par le X2 est de 0,88

Les équations mesure

Les valeurs sont les coefficients de chemin de la variable latente endogène Y1 et Y2 à ses indicateurs de IND1Y1 et IND2Y1

- L'effet de la variable latente endogène Y1 sur l'indicateur de IND1Y1 est 4,09

- L'effet de la variable latente endogène Y1 sur l'indicateur de IND2Y1 est 3,71

- L'effet de la variable latente endogène Y2 sur l'indicateur de IND1Y2 est 4,15

- L'effet de la variable latente endogène Y2 sur l'indicateur de IND2Y2 est 4.10

Les valeurs sont les coefficients de chemin de la variable latente exogène X1 à ses indicateurs de IND1X1 et IND2X1

- L'effet de la variable latente exogène X1 sur l'indicateur de IND1X1 est 3,36

- L'effet de la variable latente exogène X1 sur l'indicateur de IND2X1 est 3,57

Les valeurs sont les coefficients de chemin de la variable latente exogène X2 à ses indicateurs de IND1X2 et IND2X2

- L'effet de la variable latente exogène X2 sur l'indicateur de IND1X2 est 3,93

- L'effet de la variable latente exogène X2 sur l'indicateur de IND2X2 est

4,08

La valeur de R2 dans l'équation structurelle

La valeur est le coefficient de trajet à partir de la variable latente endogène à Y1 et Y2 son impact sur

L'effet de sur la variable latente endogène Y1 est 2,42

L'effet de Y1 sur la variable latente endogène Y2 modéré par X2 est 0,88

Deuxième partie: Les valeurs de qualité de l'ajustement

Ces valeurs sont utilisées pour voir si le modèle que nous faisons est correcte ou incorrecte. Certaines valeurs sont les suivantes:

- Probabilité (P - Valeur): 0,0263. Cette valeur, suivant le schéma de chemin, est utilisé pour voir la bonté de l'ajustement du modèle. Pour effectuer les tests de la qualité de l'ajustement du modèle, procédez comme suit:

Faire l'hypothèse suivante

H0: Modèle que nous faisons est correcte

H1: Modèle que nous faisons est incorrect

Utilisez les critères suivants pour tester l'hypothèse

Si la valeur de p <0,05 H0 et acceptent rejet H1

Si la valeur de p> 0,05 accepter H0 et H1 rejet

Parce que la valeur de probabilité autant que 0,0263 <0,05 rejeter H0 et ainsi accepter H1. Cela signifie que le modèle que nous faisons est incorrect.

Qualité de l'ajustement du modèle basé sur la bonté absolue de l'indice Fit

Toutes les valeurs sont prises à partir de la sortie de texte à la Bonté des statistiques Fit. Comme les informations, chaque valeur de cette sortie évalue la qualité de l'ajustement du modèle de différentes perspectives. De plus, chaque valeur ne produira pas le même résultat. Il génère partiellement différent évaluation vers le modèle que nous faisons. Dans une valeur modèle peut être évaluée comme « bon modèle ». Dans une autre valeur, le modèle peut être évalué comme « mauvais modèle »

- Chi Square: 28,88. Idéal Chi valeur Square est <3. La sortie montre autant que 28,66 ce qui signifie que la qualité de l'ajustement n'est pas remplie encore du point de vue de cette valeur.

- Fit Index de la bonté (GFI) = 0,93. La valeur de la sortie est de 0,93. Il montre que le modèle est bon. Parce que sa valeur approche 1. La valeur GFI varie de 0 -1. Plus la valeur plus le modèle est. Cette valeur est utilisée pour mesurer la quantité relative de la variance et covariance.

- Root Mean Square erreur d'approximation (AEMQ) = 0.089.This signifie que le modèle du point de vue de RMSEA a déjà satisfait à l'exigence parce que la valeur de RMSEA idéale est d'environ 0,05 à 0,08. Les fonctions de valeur de RMSEA en tant que critères de modélisation de la structure de covariance dans la population. La qualité de l'ajustement peut être atteint lorsque la matrice de covariance à échantillon est égale à la matrice de covariance à la population. Lorsque la valeur augmente au-dessus de 0,08, cela signifie qu'il n'y a pas de concordance entre la matrice de covariance à l'échantillon et de la matrice de covariance à population

- Root Mean Square résiduel (TMR) = 1,40. La valeur est comprise RMR 0-1, un modèle est considéré comme bon lorsque la valeur RMR est <0,05. Parce que la valeur TMR autant que 1,40> 0,05; le modèle est pas bon. Cette valeur est la moyenne du résidu normalisé. Résiduelle est la différence entre la valeur observée et celle prédite.

La qualité de l'ajustement du modèle de base sur la Bonté supplémentaire de Fit Index

Les valeurs suivantes sont prises à partir de la sortie du texte même que les valeurs ci-dessus.

- Indice attendu de validation croisée (ECVI) = 0.69. La valeur ECVI n'a pas une gamme. La disposition est plus la valeur plus le modèle est. Cette valeur est utilisée pour mesurer la différence entre la matrice de covariance de l'échantillon étudié et de la matrice de covariances provenant d'autres échantillons égaux. Lorsque le modèle a la plus petite valeur de ECVI, alors un tel modèle peut être reproduit.

- Modèle AIC = 72. Plus la valeur est plus le modèle est. De la sortie est la valeur 60,29 est inférieure à la valeur AIC indépendante autant que 793,98. Le modèle est bon car il a une valeur plus faible par rapport à la valeur AIC indépendante.

- Normé Fit Index (NFI) = 0,96. La valeur i NFI varie de 0 -1. Étant donné que la valeur NFI de la sortie est de 0,96 le modèle est bon. La valeur de l'IFN est dérivé de la comparaison entre le modèle hypothétique avec un certain modèle indepedent.

- Index comparatif Fit (CFI) = 0,98. La valeur CFI varie de 0 -1 Puisque la valeur CFI de la sortie est de 0,98, car il se rapproche de 1, le modèle est bon. Il montre que le modèle que nous faisons est fermé le modèle théorique.

- Indice relatif Fit (RFI) = 0,93. La valeur de RFI est comprise entre 0 -1, où la valeur proche de 1, il montre que le modèle est de mieux en mieux. La valeur idéale est de 0,95. La sortie montre la valeur de RFI est 0,93 sens que le modèle est bon modéré. Cette valeur est dérivée de la NFI.

- Critical N (CN) = 108,78. La valeur de la sortie est 108,78. Il montre que le modèle est pas bon puisque la valeur idéale CN devrait être plus de 200. Cette valeur CN se rapporte à la taille de l'échantillon. La taille de l'échantillon idéal de la recherche devrait à plus de 200.

- Bonté ajusté de l'indice Fit (PAGF) = 0,85. La valeur PAGF idéale est ≤0.9. Depuis la sortie montre 0,85 <0,9 alors le modèle est bon. Cette valeur est la même chose avec la valeur de GFI. La différence se situe sur le degré ajusté de la valeur liberté (DF).

- Parcimonie Fit Index de Bonté (PGFI) = 0,41. fonctions du modèle Parcimonie en contrepartie de la complexité du modèle hypothétique par rapport à l'ensemble de la bonté du modèle d'ajustement. La valeur idéale est de 0,9. Étant donné que la valeur jusqu'à 0,41 <0,9 alors le modèle entier n'est pas bon.

Remarques: il est à noter que chaque valeur va générer les différents résultats de l'évaluation du modèle; on peut donc utiliser que l'indice absolu de qualité de l'ajustement du modèle. Cependant, le cas échéant, on peut utiliser l'indice supplémentaire de qualité de l'ajustement du modèle. Dans les recherches réelles, il est en fait très difficile de faire un bon modèle de toutes les valeurs ci-dessus; Néanmoins, nous pouvons au moins satisfaire aux exigences de base de l'indice absolu.

Le résultat des valeurs de t est la suivante.

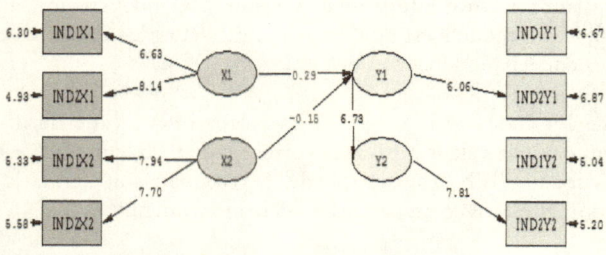

Les étapes pour calculer la valeur de t est la suivante

- A la position du diagramme de chemin clic curseur à tout endroit de sorte que le menu principal affiche les estimations puis sélectionnez la boîte de dialogue des valeurs T.

Les valeurs de t sont les suivantes:

- A partir de la variable latente de X1 à Y1 est 0,29
- A partir de la variable latente de X2 à Y1 est -0,15
- A partir de la variable latente intermédiaire de Y1 à Y2 est 6,73

Ces valeurs seront utilisées pour faire des tests d'hypothèses. La valeur t de la sortie est aussi appelé observation T (to).

Première hypothèse: L'effet de X1 sur Y1

Pour effectuer des tests d'hypothèses utiliser les étapes suivantes

hypothèse d'État est la suivante

H0: La variable latente X1 n'affecte pas la variable latente Y1 significativement

H1: La variable latente X1 affecte de manière significative la variable latente Y1

Calculer la table de t (Ta)

La disposition est la suivante: utilisation de la valeur p ou a autant que 0,05 et degré de liberté (DF) de n-2. Le nombre de cas est de 100; si la valeur DF: = 100-2 98. Le t 0,05; 98 à partir de la table de t est 1,645. Le tableau t est aussi appelé Ta.

Utilisez les critères suivants pour tester l'hypothèse

Si à> Ta, puis rejeter H0 et accepter H1

Si à <Ta, puis accepter H0 et rejeter H1

Enfin, prendre la décision comme suit

De la sortie est de 0,29 à la <1,645 Ta; ainsi accepter H0 et rejeter H1. Cela signifie que la variable latente X1 ne modifie pas significativement la variable latente Y1.

Deuxième hypothèse: L'effet de Y1 sur Y2 modéré par X2

Pour effectuer la deuxième test d'hypothèses utiliser les étapes suivantes

hypothèse d'État est la suivante

H0: La variable latente Y1 modérée par X2 n'affecte pas la variable latente Y2 significativement

H1: La variable latente Y1 modérée par X2 affecte de manière significative la variable latente Y2

Calculer la table de t (Ta)

La disposition est la suivante: utilisation de la valeur p ou a autant que 0,05 et degré de liberté (DF) de n-2. Le nombre de cas est de 100; si la valeur DF: = 100-2 98. Le t 0,05; 98 à partir de la table de t est 1,645. Le tableau t est aussi appelé Ta.

Utilisez les critères suivants pour tester l'hypothèse

Si à> Ta, puis rejeter H0 et accepter H1

Si à <Ta, puis accepter H0 et rejeter H1

Enfin, prendre la décision comme suit

De la sortie du à 6,73 est> 1,645 Ta; rejeter ainsi H0 et accepter H1. Cela signifie que la variable latente Y1 modérée par le X2 affecte de manière significative la variable latente Y2

Conclusion

La conclusion de cette recherche est la suivante.

- Le modèle que nous faisons est pas bon
- L'effet de X1 (ξ1) sur Y1 (η1) est non significatif
- L'effet de Y1 (η1) sur Y2 (η2) animée par X2 (ξ2) est significatif

5.3 Exerises

Procéder à l'analyse comme l'exemple ci-dessus avec le modèle suivant:

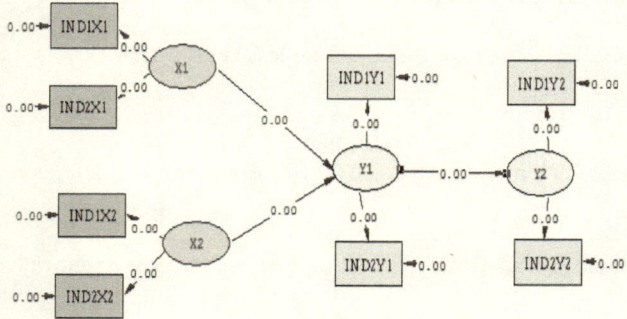

Utilisez les données suivantes.

Ind1x 1	Ind2x 1	X 1	Ind1x 2	Ind2x 2	X 2	Ind1y 1	Ind2y 1	Y 1	Ind1y 2	Ind2y 2	Y 2
14	12	11	11	13	14	16	15	16	16	17	18
15	17	18	12	15	17	18	12	18	12	15	17
17	14	16	14	17	14	16	14	16	14	17	14
14	14	14	13	14	14	14	13	14	13	14	14
11	12	11	13	10	15	16	12	16	13	16	18
17	15	16	13	17	15	16	13	16	13	17	15
13	16	12	14	13	16	12	14	12	14	13	16
19	19	20	11	19	19	20	11	20	11	19	19
15	16	17	14	15	16	17	14	17	14	15	16
19	19	18	14	19	19	18	14	18	15	18	20
14	16	17	12	14	16	17	12	17	12	14	16
15	11	15	10	15	11	15	10	15	10	15	11
14	14	13	12	14	14	13	12	13	12	14	14
16	16	18	11	16	16	18	11	18	12	17	18
10	14	16	12	10	14	16	12	16	12	10	14
13	15	17	13	13	15	17	13	17	13	13	15

Modélisation par équation structurelle: Théorie et application

19	12	17	14	19	12	17	14	17	14	19	12
15	12	16	14	15	12	16	14	16	14	15	12
15	12	14	15	15	12	14	15	14	16	17	14
16	14	15	14	16	14	15	14	15	14	16	14
12	11	15	14	12	11	15	14	15	14	12	11
18	16	14	14	18	16	14	14	14	14	18	16
13	15	15	11	13	15	15	11	15	11	13	15
14	14	13	12	14	14	13	12	13	12	14	14
13	13	17	11	13	13	17	11	17	12	14	15
10	10	12	9	10	10	12	9	12	9	10	10
13	17	13	9	13	17	13	9	13	9	13	17
12	12	11	10	12	12	11	10	11	10	12	12
11	14	12	8	11	14	12	8	12	8	11	14
9	14	8	7	9	14	8	7	9	8	10	13
10	10	13	12	10	10	13	12	13	12	10	10
8	12	12	9	8	12	12	9	12	9	8	12
13	14	12	10	13	14	12	10	12	10	13	14
8	15	14	9	8	15	14	9	14	9	8	15
11	8	12	10	11	8	12	10	12	11	12	13
13	13	16	11	13	13	16	11	16	11	13	13
11	14	11	9	11	14	11	9	11	9	11	14
9	15	14	11	9	15	14	11	14	11	9	15
15	11	12	12	15	11	12	12	12	12	15	11
11	12	15	8	11	12	15	8	15	10	13	15
11	12	13	8	11	12	13	8	13	8	11	12
9	14	14	9	9	14	14	9	14	9	9	14
10	17	11	9	10	17	11	9	11	9	10	17
9	10	12	8	9	10	12	8	12	8	9	10
12	9	12	7	12	9	12	7	12	9	11	13
13	15	15	8	13	15	15	8	15	12	13	15
13	8	14	10	13	8	14	10	14	10	13	8
14	11	11	9	14	11	11	9	11	9	14	11
11	13	10	9	11	13	10	9	10	9	11	13
12	13	15	13	12	13	15	13	15	12	11	10
13	14	13	12	13	14	13	12	13	12	13	14
13	13	14	10	13	13	14	10	14	10	13	13
15	16	16	15	15	16	16	15	16	15	15	16
12	12	14	12	12	12	14	12	14	12	12	12
13	12	15	9	13	12	15	9	15	11	14	16
15	15	16	14	15	15	16	14	16	14	15	15
14	18	12	10	14	18	12	10	12	10	14	18
13	11	13	11	13	11	13	11	13	11	13	11
10	11	13	12	10	11	13	12	13	12	10	11
16	18	16	12	16	18	16	12	16	14	15	17
14	11	11	10	14	11	11	10	11	10	14	11
17	12	12	13	17	12	12	13	12	13	17	12
16	14	13	12	16	14	13	12	13	12	16	14
14	15	12	10	14	15	12	10	12	10	14	15
13	11	14	10	13	11	14	10	14	11	14	13
13	11	14	11	13	11	14	11	14	11	13	11
12	11	14	9	12	11	14	9	14	9	12	11
13	14	13	10	13	14	13	10	13	10	13	14
15	12	13	9	15	12	13	9	13	9	15	12
13	13	17	12	13	13	17	12	17	13	14	15
13	14	12	11	13	14	12	11	12	11	13	14
13	16	15	12	13	16	15	12	15	12	13	16
15	14	15	12	15	14	15	12	15	12	15	14
14	13	15	10	14	13	15	10	15	10	14	13
14	14	13	10	14	14	13	10	13	12	13	15

16	16	18	15	16	16	18	15	18	15	16	16
20	19	22	17	20	19	22	17	22	17	20	19
17	20	20	16	17	20	20	16	20	16	17	20
16	20	20	15	16	20	20	15	20	15	16	20
18	16	16	16	18	16	16	16	16	14	15	13
15	18	19	12	15	18	19	12	19	12	15	18
16	19	19	12	16	19	19	12	19	12	16	19
20	16	15	13	20	16	15	13	15	13	20	16
21	22	22	19	21	22	22	19	22	19	21	22
19	19	19	12	19	19	19	12	19	15	16	17
18	15	16	13	18	15	16	13	16	13	18	15
18	19	20	12	18	19	20	12	20	12	18	19
17	15	18	12	17	15	18	12	18	12	17	15
21	17	20	17	21	17	20	17	20	17	21	17
16	17	19	17	16	17	19	17	19	15	14	13
16	19	18	16	16	19	18	16	18	16	16	19
19	16	20	16	19	16	20	16	20	16	19	16
17	19	18	16	17	19	18	16	18	16	17	19
19	18	21	13	19	18	21	13	21	13	19	18
21	17	20	19	21	17	20	19	20	16	18	16
19	16	17	15	19	16	17	15	17	15	19	16
19	15	19	15	19	15	19	15	19	15	19	15
17	19	19	15	17	19	19	15	19	15	17	19
19	19	19	12	19	19	19	12	19	12	19	19
13	13	14	10	13	12	19	14	19	15	16	13

CHAPITRE 6
LES BASES DU PLSSEM

6.1 Concepts de base

Quelques concepts de base de PLS SEM selon Monecke & Leisch (2012) sont les suivants:

- Il comprend trois éléments PLS SEM à savoir, a) le modèle structurel, b) le modèle de mesure et c) Schéma de pondération. La troisième partie est la caractéristique frappante de la procédure PLS SEM. Ce n'est pas discuté dans la CB SEM dans la partie précédente de ce livre. Ainsi, il existe deux valeurs dans le chemin de diriger la variable latente à son témoin, à savoir le coefficient de régression normalisés et le poids externe. Une valeur sera affichée dans le diagramme de chemin et une autre valeur est dans la sortie textuelle appelé poids externe.

- La procédure PLS PLS SEM ne permet que le modèle récursif (une direction aller) saja. C'est le même avec le modèle d'analyse de chemin. Ce n'est pas la même chose avec la procédure CB SEM qui permet au modèle non-récursif (relation réciproque).

- Au modèle structurel, qui est appelé modèle interne dans PLS SEM, toutes les variables latentes sont liées à d'autres variables latentes basées sur la théorie substantielle qui signifie que le rôle de la théorie est importante, comme dans CB SEM. Le terme de la variable, en PLS SEM, est divisé en deux rôles, à savoir une variables exogènes et endogènes. Le premier se fère à la variable indépendante et la seconde on se réfère à la variable dépendante.

- modèle de mesure, qui est aussi appelé modèle externe en PLS SEM, connets toutes les variables ou indicateurs manifestes avec leurs variables latentes respectives. Au sein du terme PLS, théoriquement un indicateur ne peut être connecté à une variable latente. Tous les indicateurs reliés à une variable latente est désigné comme « bloc ». Par conséquent, chaque variable latente a le bloc d'indicateurs. Au sein d'un bloc conatins au minimum un indicateur. Les choses qui diffère de la CB SEM dans ce cas est que PLS SEM le bloc d'indicateurs et de sa variable latente peut être réfléchissante (ce qui signifie que les fonctions variables manifestes que l'indicateur affecté par le concept sous-jacent) ou de formation (les indicateurs forment ou provoquer la valeur de la variable latente) (Wijanto, 2008).

Ce qui suit est un exemple de modèle de mesure réfléchissant entre une variable latente de Y avec ses 3 indicateurs de X1, X2, X3 et

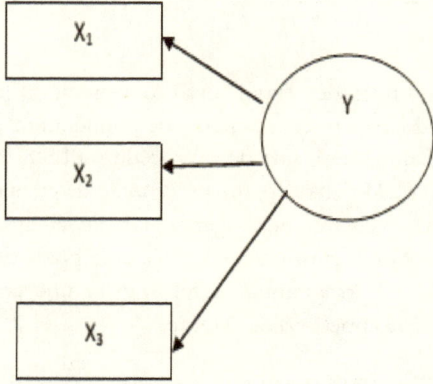

Bien que selon les cheveux, Ringle & Sarstedt (2011) les caractéristiques du PLS SEM sont:

- Les charges de les «estimations PLS SEM d'indicateurs pour la variable latente exogène basée sur la prévision de la variable latente endogène ne reposent pas sur la variance partagée entre les indicateurs à la même variable latente qu'il se produit dans la CB SEM. Voilà pourquoi « charges » est un contributeur du coefficient de chemin.

- Le PLS SEM permet au modèle de mesure acceptée lorsque le modèle structurel est non significative. Ce qui signifie que la priorité première est l'importance du modèle structurel (la relation entre les variables latentes est plus importante que la relation entre les indicateurs et sa variable latente). Autrement dit, la mise au point de PLS SEM est la relation entre la variable latente exogène et la variable latente endogène non les indicateurs et sa variable latente.

- Fondamentalement, la procédure PLS SEM est le même avec la régression linéaire multiple, à savoir la variance expliquée maksimize de la variable latente endogène (variable depedent en régression linéaire) renforcée avec la qualité des données sur la base des caractéristiques du modèle de mesure.

- La réflexion PLS SEM est appelé comme un modèle alors que le PLS formateur SEM est appelé comme modèle B.

- Le modèle de trajectoire du PLS SEM est le même avec le modèle CB SEM à savoir qu'elle est basée sur la procédure d'analyse du chemin.

L'avis de l'auteur sur PLS SEM est que PLS SEM est en fait une extension du modèle linéaire général qui permet à la non Fullfilment de prise en charge de normalité qui utilise le coefficient de régression standardisé comme le coefficient de chemin. La capacité à prédire la valeur de la variable endogène est dérivée de la procédure de régression linéaire. Bien que le concept de variable latente est la même chose avec la CB SEM qui est en fait originaire de la procédure d'analyse des facteurs. Cela concerne l'objectif principal du PLS SEM est de prédire la valeur de la variable endogène en utilisant la variable exogène, comme dans la régression linéaire.

6.2 Type de données et échelle de mesure

Les données utilisées dans PLS SEM peuvent ne pas répondre à l'hypothèse de normalité. Cela signifie que nous pouvons utiliser les données normales ou non normales. Cela diffère de la CB SEM qui ne nous permet d'utiliser les données normalement distribuées. L'échelle de mesure peut être métrique ou échelles non métriques, à savoir que nous pouvons utiliser l'intervalle et le rapport ainsi que des échelles ordinales.

6.3 Assomption

Certaines hypothèses PLS SEM sont:
- La principale hypothèse est que la procédure PLS SEM permet l'utilisation des données non normales. Cela signifie que nous pouvons utiliser cette procédure si l'hypothèse de la normalité ne peut pas être satisfaite dans nos données.

- La deuxième hypothèse est que nous pouvons utiliser la petite taille de l'échantillon. Disons, par exemple, nous pouvons utiliser seulement 100 répondants dans nos recherches avec l'intervalle de confiance jusqu'à 95%. Ceci est différent avec le CB SEM qui nécessite grande taille de l'échantillon.

- En ce qui concerne la technique d'échantillonnage, la procédure PLS SEM n'a pas besoin de l'échantillon aléatoire. Cela signifie que nous pouvons utiliser l'approche non probabiliste, comme « échantillonnage accidentelle », « l'échantillonnage dirigé » et d'autres non - techniques de probabilité.

- Dans PLS SEM, nous pouvons avoir l'indicateur de formation à côté d'une réflexion. Cela ne peut pas se produire dans CB SEM qui ne nous permet d'avoir les indicateurs réfléchissants.

- L'hypothèse suivante est que le PLS SEM nous permet d'avoir une variable latente de dichotomie. Cela signifie que la variable n'a qu'une échelle nominale.

- La procédure PLS SEM également nous allos d'utiliser l'échelle non-métrique, comme nominale et ordinale en plus l'échelle métrique, tels que l'intervalle et le rapport.

- La distribution résiduelle ne devrait pas comme le plus petit possible. Cela ne peut pas la même chose avec le résidu dans CB SEM qui doit être le plus petit possible.

- L'autre hypothèse est que le PLS SEM peut être utilisé pour développer la théorie préliminaire. Ceci est différent avec le CB SEM qui utilise la théorie comme point de départ de la recherche.

- L'approche de régression linéaire est plus commode dans PLS SEM plutôt que dans CB SEM.

- Dans PLS SEM, nous sommes seulement autorisés à avoir le modèle récursif (un sens de mode de la relation de cause à effet). Il est interdit d'avoir le modèle réciproque.

- La supériorité du PLS SEM est que nous pouvons faire un modèle plus complexe avec de nombreuses variables latentes et indicateurs.

6.4 La quantité de données requise

L'exigence de la taille de l'échantillon est clément: petit échantillon avec la taille jusqu'à 10 fois des indicateurs utilisés pour mesurer la variable latente est autorisée dans PLS SEM. Il peut également être 10 fois le montant des chemins structurels du modèle structurel. Cela se produit dans le cône de recherche par Chin et Newsted (1999) qui montre la petite taille de l'échantillon est possible dans PLS SEM. Dans leur recherche, ils utilisent seulement 20 données avec le bon résultat de la recherche.

6.5 Le modèle de relation

Le modèle de relation entre les variables latentes et leurs indicateurs dans le PLS SEM peut être décrit dans l'image suivante.

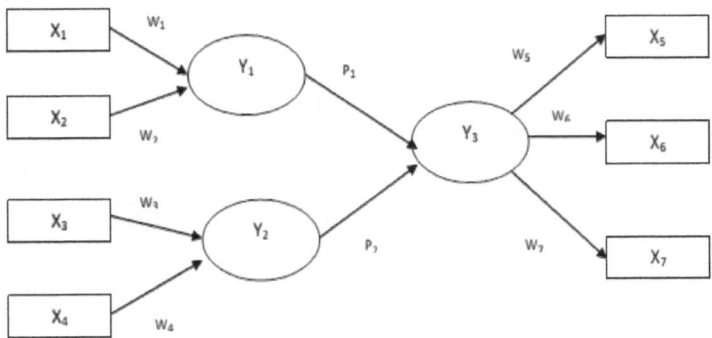

**Le modèle de chemin de la relation des variables
(Source: cheveux, Ringle & Sarstedt, 2011)**

Le modèle ci-dessus a deux variables latentes exogènes (variable indépendante), à savoir Y1 et Y2 à une variable latente endogène (variable dépendante), à savoir Y3. Les variables Y1 et Y2 sont mesurés par deux indicateurs formatives, à savoir X1, X2 et X3, X4. Bien que la variable Y3 est mesurée par trois indicateurs pensivement. Les paramètres estimés dans le modèle ci-dessus sont les suivantes:
- Coefficient de chemin de Y1 à Y3, à savoir p1
- Coefficient de chemin de Y2 à Y3, à savoir p2
- Les balourds extérieurs de X1 à Y1, à savoir w1

- Les balourds extérieurs de X2 à Y1, à savoir w2
- Les balourds extérieurs de X3 à Y3, à savoir w3
- Les balourds extérieurs de X4 à Y2, à savoir W4
- Les balourds extérieurs de Y3 à X5, à savoir W5
- Les balourds extérieurs de Y3 à X6, à savoir W6
- Les balourds extérieurs de Y3 à X7, à savoir w7

Il est pas nécessaire d'avoir le modèle sous la forme d'une combinaison entre réflexion et de formation au sein d'un modèle. Nous pouvons avoir soit un modèle de réflexion ou une formation. Ce qui suit est seulement un modèle de réflexion.

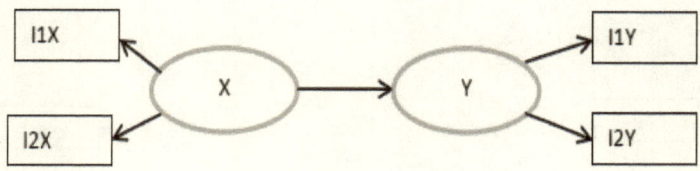

Remarques:
- X est une variable latente exogène
- Y est une variable latente endogène
- I1X et I2X sont des indicateurs de réflexion X
- I1Y et I2Y sont des indicateurs réfléchissants de Y

Le seul modèle de formation est la suivante

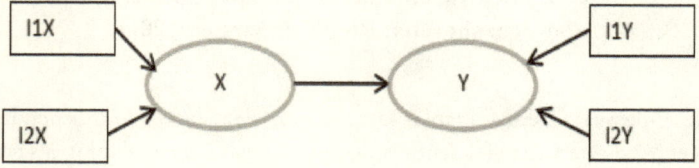

Remarques:
- X est une variable latente exogène
- Y est une variable latente endogène
- I1X et I2X sont des indicateurs de formation X

- I1Y et I2Y sont des indicateurs de formation de Y

6.6 Conditions de variables

Les noms de variables sont les mêmes avec le CB SEM comme suit

- **Les variables observées**: Manifest variables / indicateurs / références
- **Variables inobservés**: Phénomènes Résumé / variables latentes / facteurs / construire

6.7 Mesure du modèle Fit

Le PLS SEM ne pas utiliser répondent à des critères du modèle tels que CB SEM. Les critères utilisés comprennent: a) l'évaluation de modèle externe (qui est aussi appelé modèle de mesure), reliant les indicateurs à la variable latente et b) l'évaluation du modèle interne (qui est aussi appelé modèle structurel) reliant d'une latent variable pour une autre.

Modèle de mesure des indicateurs réfléchissants

Certains d'ajustement de la bonté du modèle réfléchissant appartient au modèle de mesure PLS SEM sont:

- **Fiabilité**: Pour montrer la fiabilité que nous utilisons Alpha de Cronbach. La limite inférieure des critères est de 0,7. Plus la valeur plus la fiabilité est. La valeur maximale est 1. A côté de l'Alpha de Cronbach, nous pouvons également utiliser nilai ϱc (fiabilité composite) avec les critères similaires à Alpha de Cronbach. Cette valeur est utilisée pour évaluer la fiabilité des indicateurs relatifs à la variable latente dans le modèle. Ce qui signifie que les indicateurs reflètent bien la variable latente.

- **Validité**:la validité fait référence à la variable latente qui sous-tend les indicateurs. Ce qui signifie que la variable latente valide est valide lorsque l'on peut expliquer la variance des inddicators au minimum jusqu'à 50% (0,5). Par conséquent, la corrélation entre la variable latente et ses indicateurs doit être supérieure à 0,5 qui est exprimée dans les charges externes de la variable latente de ses indicateurs. Les charges doivent être au minimum de 0,5. La valeur idéale est> 0,7. Si sa valeur est inférieure à 0,5, les indicateurs doivent être éliminés ou remplacés par d'autres indicateurs plus valables qui peuvent refléter plus précisément la variable latente.

Au niveau du modèle structurel, nous avons la validité de la convergence et la validité discriminante.

- **Convergence Validité:** la validité de la convergence signifie qu'un ensemble d'indicateurs représentent une variable latente. Cela signifie en outre que la variable latente sous-tend les indicateurs. Cela peut être vu de la valeur de moyenne Variance Extrait (AVE). La valeur de AVE est au minimum de 0,5.

- **Validité discriminante:** cela signifie que deux concepts qui est différent doit être en mesure de démontrer sur le plan conceptuel, la distinction potentielle. Par conséquent, un ensemble d'indicateurs qui sont fusionnés ne pas unidimensionnelle charactersitics. La validité discriminante utilise le Fornell - critères et crossloadings de Larcker. Les critères indique qu'une variable latente partagera sa variance plus à ses indicateurs sous-jacents que d'autres variables latentes. Cela peut être interprété statistiquement lorsque l'AVE de chaque variable latente doit être supérieure à la plus haute place de la R (R2). Le second critère est que la charge respective pour chaque indicateur doit être supérieure à la section de chargement. Le Fornell - le critère de Larcker évalue la validité discriminante du niveau de la construction (du niveau variable latente);

Le schéma de l'évaluation du modèle

L'évaluation du modèle externe (modèle de mesure) et le modèle interne (modèle structurel) peut être résumée comme suit

évaluation du modèle externe	évaluation du modèle interne
• La fiabilité et la validité de la variable latente dans le modèle de réflexion • Vaildity de la variable latente dans le modèle de formation	• Explication de la variance de la variable latente endogène • Taille de l'effet qui est contribué • Pertinence en matière de prévision

Modélisation par équation structurelle: Théorie et application

Les valeurs utilisées comme mesure peuvent être résumés comme suit

Critères	La description
Fiabilité composite (en ϱc)	Mesure de la cohérence interne avec la valeur est ≥ 0,6
Fiabilité de l'indicateur	La valeur de chargement externe est de 0,5 à 0,7
AVE	La moyenne de la valeur AVE est> 0,5 utilisé en tant que détermination de la validité de convergence
Fornell - Critères de Larcker	Utilisé comme la validité discriminante avec la valeur AVE pour chaque variable latente devrait dépasser la valeur R2 d'autres variables latentes.
Les critères de chargements - Croix	Utilisé pour vérifier le discriminant ainsi. La corrélation d'un indicateur et la variable latente doit être plus que d'autres variables latentes

Modèle de mesure des indicateurs formatifs

Il existe deux couches de modèle de mesure, à savoir au niveau de la construction (variables latentes) et au niveau des indicateurs.

- Le modèle de mesure: La relation entre les indicateurs et leur variable latente doit être soutenue par les recherches antérieures ou la théorie.

- Il doit y avoir suppression du terme d'erreur de construction de v) qui représente les variables latentes ne peuvent pas être expliquées par les indicateurs disponibles. Voilà pourquoi la validité externe peut être calculé par la disposition suivante 1 - v qui ne doit pas être inférieure à 0,8. Cette valeur signifie que l'indice de formation de 80% est conforme à l'objectif prévu.

- Certains indicateurs de chaque variable latente ne peut pas établir une corrélation entre l'autre extrémement. Ceci est appelé multicolinéarité. Cela peut être identifié lorsque les valeurs VIF> 10 ou les coefficients de corrélation doit être inférieur à ± 0,9 (Cheveux: 2010)

L'évaluation du modèle de mesure formative peut se résumer comme suit.

Critères	La description
validité nomologie	La relation entre les indicateurs et leur variable latente doit être soutenue par la théorie ou précédente résultat d'importantes recherches
La validité externe	La mesure de l'indice de formation doit être en mesure d'expliquer plus grande variance par rapport à la mesure de réflexion
niveau signficance	poids d'estimation doit être importante. Ce qui signifie que la valeur doit être inférieure à 0,05 ($\alpha = 0,05$)
multicolinéarité	Il ne doit pas être multi-colinéarité entre les indicateurs dans un bloc (une variable latente)

6.8 Modèle structurel Fit

L'ajustement du modèle structurel consiste à mesurer la relation entre la variable latente exogène et la variable latente endogène

Critères	La description
R^2 de la variable latente endogène	La valeur de R^2, autant que 0,67 est dans la catégorie importante La valeur de R^2 autant que 0,33 est dans la catégorie modérée La valeur de R^2, autant que 0,19 est dans la catégorie faible (Chin, 1988) La valeur de R^2 autant que 0,7 est sous haute catégorie (Sarwono, J: 2015)
Estimation des coefficients de trajet	Le niveau de signification doit être inférieure à 0,05
La valeur de f^2	La valeur de f^2 autant que 0,02 est dans la catégorie faible La valeur de f^2 autant que 0,15 est dans la catégorie modérée La valeur de f^2 autant que 0,35 est dans la catégorie forte La valeur de f^2 autant que > 0,5 est dans la catégorie très forte
La pertinence de la	La valeur de Q^2 > 0 prouve que les valeurs

prédiction (Q2 et Q2)	observées ont été reconstruites et pour que le modèle a une pertinence prédictive. Alors que la valeur de Q2 <0 montre qu'il n'y a pas de pertinence prédictive La valeur de q2 est utilisée pour voir l'effet relatif du modèle structurel sur la mesure observée de la variable latente endogène
La valeur du coefficient de régression normalisés (bêta) utilisé en tant que coefficient de trajet	Le chemin du modèle structurel est interprété comme coefficient de régression normalisés (bêta) de la régression OLS (carré moins ordinaire).

CHAPITRE 7

PLS MODÈLES SEM RELATION DE VARIABLES DE BASE

7.1 La relation de base des variables

Pour faciliter l'utilisation de la PLS SEM l'auteur propose la relation de base de variables en fonction des types de variables:

- Variable indépendante
- Variable dépendante
- variable qu'il
- Variable de contrôle
- la variable modérée

Les variables ci-dessus sera un point de départ du modèle suivant.

Le premier modèle: le modèle de relation de base de la variable dépendante et variable indépendante

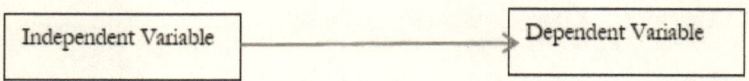

Le deuxième modèle: le modèle de relation entre la variable indépendante, variable intermédiaire et variable dépendante

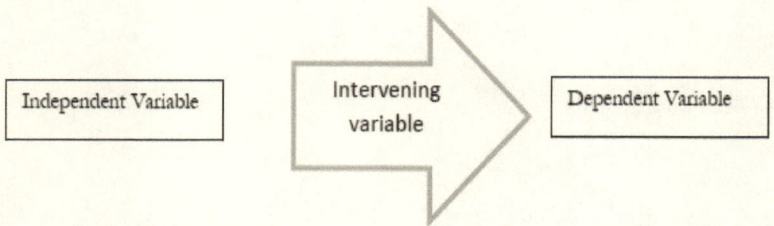

Le troisième modèle: le modèle de relation de la variable variable indépendante et dépendante, ainsi que la variable modérée

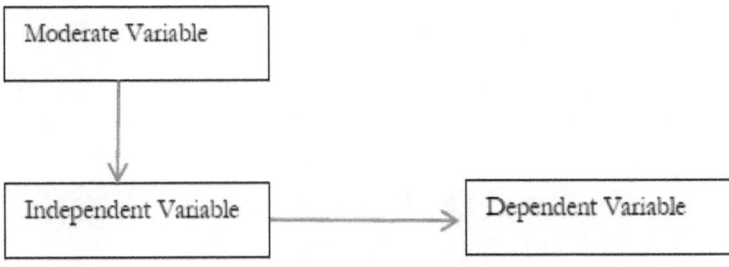

Modèle quatrième: le modèle de la relation de la variable indépendante, variable intermédiaire et variable dépendante, ainsi que la variable modérée.

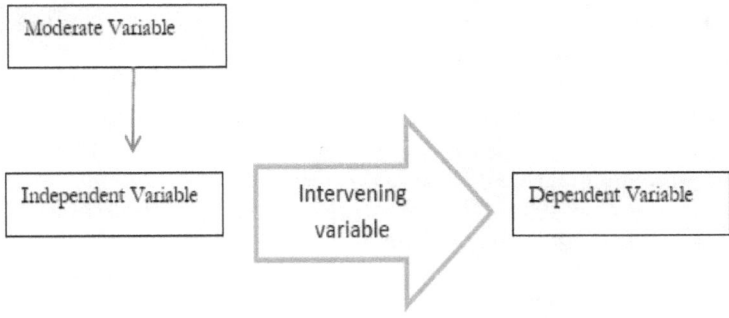

Dans le chapitre suivant, nous allons discuter de l'application de chaque modèle dans le contexte PLS SEM. Il y aura donc le modèle de relation plus complexe, car il y aura variable latente avec ses indicateurs inclus dans les modèles de base ci-dessus.

CHAPITRE 8
APPLICATION DE PLS SEM 1

8.1 Deux

Variables et exogènes Latent une variable Endogène Latent avec ses indicateurs Endogène réfléchissants et formatives

Un modèle de deux Variables et exogènes Latent une variable Endogène Latent avec ses indicateurs Endogène réfléchissants

Dans cet exemple, nous allons faire un modèle en utilisant deux variables latentes exogènes et endogènes une variable latente endogène avec ses étapes de indicators.The réfléchissantes sont comme suit.

Tout d'abord: faire le diagramme de chemin

Le modèle de relation est la suivante

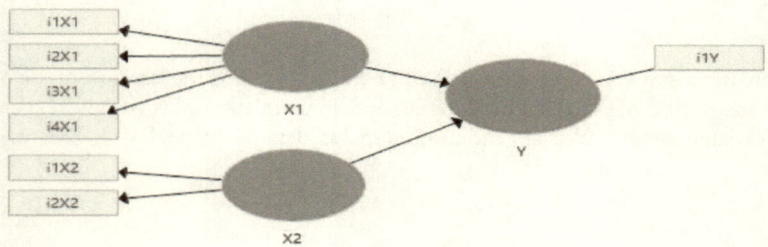

Où:

- X1 est la première variable latente exogène
- X2 est la deuxième variable latente exogène
- Y est la variable latente endogène

- I1X1 est le premier indicateur du X1

- I2X1 est le second indicateur du X1

- I3X1 est le troisième indicateur du X1

- I4X1 est le quatrième indicateur du X1

- I1X2 est le premier indicateur de la X2

- I2X2 est le premier indicateur de la X2

- I1Y est le premier indicateur de la Y

Deuxièmement: les données d'entrée dans Excel

Les données doivent être enregistrées dans le type CSV comme suit: Enregistrer sous> Nom du fichier: données1.csv et Enregistrer sous type CSV (Comma Delimited) puis appuyez sur Enregistrer. Les données suivantes sont déjà au format CSV.

I1X1	I2X1	I3X1	I4X1	X1	I1X2	I2X2	X2	I1Y	Y
4	596;3	558;3	775;3	825;2	927;2	362;3	252;2	83;3	344;3
3	137;2	724;2	562;3	307;3	415;2	93;3	252;1;3	344;3	235;3
2	148;4	664;4	739;3	825;2	151;3	786;4	366;2	83;4	532;4
2	696;3	558;1	953;2	151;2	927;1;2	234;1;1	787;1;2	53	
3	66;2	724;2	852;2	755;3	415;2	362;2	234;2	83;4	532;1
2	148;3	558;1	953;2	151;2	151;1;1	738;1;1	787;3	235;3	122
2	148;2	203;2	852;2	962;3	415;1	975;2	234;1;3	344;3	235;3
2	148;3	558;3	775;3	825;2	151;2	362;3	252;1;4	532;4	532;4
2	148;3	558;3	775;3	825;2	151;2	93;3	252;1;3	344;3	235;3
4	596;1	787;3	775;2	755;2	151;1;1;1;3	344;3	235;4	473	
3	66;3	558;3	775;2	151;4	19;1;3	252;1;3	344;3	235;3	122
4	596;3	558;3	775;4	638;4	19;3	786;4	366;2	83;3	344;4
2	696;2	724;3	171;3	307;2	927;1	731;1	738;1	918;2	203;1
1;3	558;1;1;4	19;2	93;3	252;3	908;3	344;4	532;3	122	
4	596;4	664;4	739;1;2	151;3	786;1;3	908;3	344;3	235;3	122
4	596;4	664;4	739;4	638;3	683;3	786;4	366;2	83;4	532;4
3	66;2	724;1	953;2	755;2	927;1	975;2	234;1	918;3	344;2
3	66;3	558;2	562;2	151;4	19;1;3	252;1;3	344;3	235;3	122
2	148;2	203;3	171;2	962;3	415;1	731;2	234;1;3	344;3	235;3
3	137;2	724;3	171;3	825;4	19;2	362;2	612;2	261;2	609;3
3	66;3	558;3	775;2	151;3	415;2	93;3	252;2	83;3	344;3
2	852;3	558;2	562;2	151;2	927;1	731;1	738;1	918;2	203;1
3	66;4	664;3	171;2	962;2	927;3	786;3	252;2	261;4	532;4
3	66;4	664;4	739;3	825;1;2	93;4	366;1;4	532;4	532;4	473
2	148;4	664;1	953;2	151;2	151;2	93;3	252;2	83;4	532;3
4	596;1	787;4	739;2	151;2	151;1	731;1	738;1	918;4	532;3
3	66;3	558;2	562;2	151;2	151;2	362;3	252;2	83;3	344;3
3	66;3	558;3	775;3	307;2	151;2	93;3	252;1	918;3	344;3
2	852;2	724;2	562;3	307;3	415;2	362;2	612;2	261;2	609;2
4	596;4	664;4	739;4	638;5	338;3	786;4	366;3	908;1;4	532;4

Troisièmement: tracer le diagramme de chemin

Dessiner le diagramme de chemin en suivant les étapes suivantes:

- activer SmartPLS
- Sélectionnez Fichier> Nouveau> Créer un nouveau projet pour afficher la boîte de dialogue Créer un projet de
- Tapez le nom du projet comme « modèle1 » au Nom du projet> Suivant
- Double-cliquez pour importer des données dans le fichier de l'explorateur de projet dan cari de données1.csv> Ouvrir> OK
- Cliquez modèle1 pour commencer à dessiner le schéma de chemin: dessiner 3 variables latentes de X1, X2 et X3 uisng l'option de la variable latente dans le menu. Pour renommer l'image par défaut, placez le curseur sur l'image ovale rouge puis cliquez droit de la souris, sélectionnez renommage. Nom de la première variable latente X1. Faites la même chose avec la variable latente X2 et Y. Connectez les trois variables en utilisant la flèche. Ensuite, faites glisser tous les indicateurs à la variable latente respective de la boîte à gauche dans la zone de dessin.
Le résultat comme suit

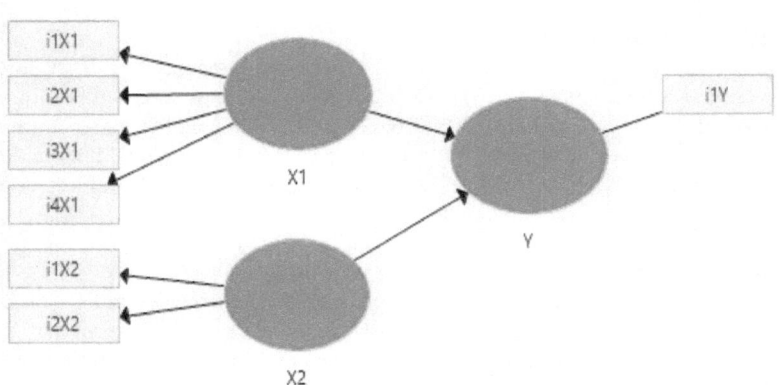

Quatrième: calcul de la conduite

Pour calculer ces données, procédez comme suit:

- Sélectionnez « Calculer »> choisissez PLS algorithme> démarrer le calcul

Le résultat et l'interprétation sont les suivantes:

La figure ci-dessous le schéma de trajet avec les valeurs estimées des paramètres pour résultat du calcul.

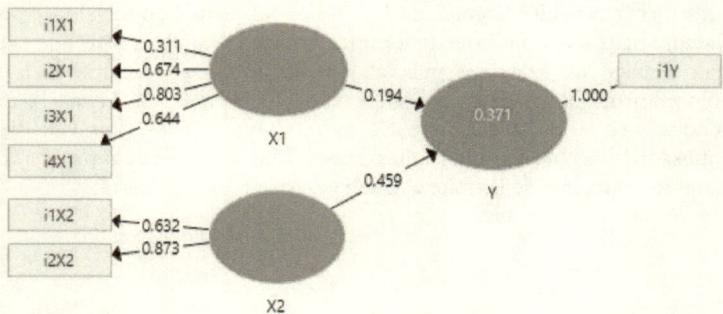

Les valeurs estimées des paramètres seront discutés un par un comme suit.

La valeur de R au carré (R2)

La valeur du carré R est 0,371. Cela signifie que la variabilité du Y et son indicateur peut être expliqué par le X1 et X2 avec leurs indicateurs autant que 0,371, tandis que le reste, autant que 0,629 doit être expliquée par d'autres facteurs en dehors de ce modèle. En d'autres termes, nous pouvons dire que le X1 et X2 avec leurs indicateurs affectent le Y et son indicateur autant que 0,371. De plus, si la valeur se rapproche du modèle 1 est mieux

La valeur du carré R ajusté:

La valeur R carré ajusté est 0,324 (cette valeur peut être trouvée dans la sortie textuelle). Pour interpréter cette valeur est la même chose avec l'interprétation de la place R est ajusté de régression linéaire. Cette valeur est un ajustement de la place de R avec la valeur est toujours inférieure à celle du carré R. L'hypothèse est que le nombre des variables indépendantes sont ajoutées, cette valeur augmente.

La valeur du coefficient de trajet
La valeur od le coefficient de trajet utilise le coefficient de régression normalisés (bêta). Cette valeur est comprise entre 0 - 1. Le plus proche de la valeur 1, plus l'effet est.

- X1 → Y: 0,194. Le coefficient de trajet du X1 à Y est 0,194. Cette valeur est égale à la valeur du coefficient de régression standardisé en régression linéaire. L'interprétation est la suivante: le 0,194 est le changement de la valeur Y lorsque le X1 et ses indicateurs subissent un changement d'unité. Lorsque la valeur est positive; alors le changement est une augmentation. Lorsque la valeur est négative; alors le changement est une diminution. Dans ce contexte, 0,194 est l'augmentation de la valeur Y lorsque le X1 et ses indicateurs subissent un changement d'unité

- X2 → Y: 0,459. La 0,459 est l'augmentation de la valeur Y lorsque le X2 et ses indicateurs subissent un changement d'unité

La valeur du carré de f (f2): Cette valeur est de sortie textuelle

- X1 → Y: 0,032. Le carré de f est la valeur qui est utilisée pour mesurer la force de l'effet d'une variable latente exogène sur une variable latente endogène sans leurs indicateurs (au niveau du modèle structurel). Ainsi, la valeur 0,032 signifie que l'effet de X1 à Y. Cette valeur tombe en effet faible

- X2 → Y: 0,177. La valeur 0,177 signifie que l'effet de X2 à Y. Cette valeur tombe en effet modéré

Construire Fiabilité et validité : Cette valeur est de sortie textuelle

- Alpha Cronbach: X1 est 0,556; X2 est 0,298; Y est égal à 1. La valeur Alpha de Cronbach est utilisé pour évaluer la fiabilité de la variable latente (au niveau du modèle structurel). La limite inférieure de la fiabilité idéale est de 0,6. Ainsi, la valeur Alpha du X1 est Cronbach 0,556 (0,6). Cela signifie que le X1 a une fiabilité modérée. Bien que la valeur X2 jusqu'à 0,298 (0,3) est inférieure à 0,6. Ainsi, le X2 n'est pas fiable. la valeur Alpha Y Cronbach est 1. Cela signifie que le Y a une très grande fiabilité

- Fiabilité Composite:: X1 est 0,712; X2 est 0,730; Y est égal à 1. La fonction de fiabilité composite est identique à la valeur Alpha de Cronbach. La limite inférieure de la fiabilité idéale est de 0,6. La valeur de fiabilité composite X1 est 0,712 qui est supérieur à 0,6. Cela signifie que la variable latente X1 a une grande fiabilité. La valeur de fiabilité composite X2 est 0,730 qui est supérieur à 0,6. Cela signifie que la variable latente X2 a une grande fiabilité. La valeur de fiabilité composite Y est 1, qui est supérieur à 0,6. Cela signifie que la variable latente Y a une très grande fiabilité.

- AVE: X1 est 0,402; X2 est 0,581; Y est 1. La valeur AVE est utilisée pour évaluer la validité de la convergence avec la disposition prévoyant que la variable latente peut expliquer plus de la moitié de la variance de ses indicateurs. La valeur minimale est de 0,5. La valeur de AVE X1 est 0,402 qui est inférieure à 0,5. Cela signifie que la variable latente X1 a une validité de convergence, en relation avec ses indicateurs réfléchissants. La valeur X2 est AVE 0,581 qui est supérieure à 0,5. Cela signifie que la variable latente X2 a une validité modérée de convergence en relation avec ses indicateurs réfléchissants. La valeur Y AVE est une qui est supérieure à 0,5. Cela signifie que la variable latente Y a de très haute validité de convergence en relation avec son indicateur de réflexion.

Validité discriminante. cette valeur est de sortie textuelle
- Fornell - Larcker: X1 est 0,634; X2 est 0,686; Y est 0,509. Le Fornell - la valeur de Larcker est utilisée pour évaluer la validité discriminante indiquant que la valeur de la variable latente peut expliquer plus de la moitié de la variance de ses indicateurs afin de prouver que la variable latente sous-tend les indicateurs liés au niveau du modèle structurel. La valeur minimale est de 0,5. Le X1 Fornell - valeur Larcker est 0,634 qui est supérieure à 0,5. Cela signifie que la variable latente X1 a une grande validité discriminante en relation avec ses indicateurs réfléchissants. . Le X2 Fornell - valeur Larcker est 0,686 qui est supérieure à 0,5. Cela signifie que la variable latente X2 a une grande validité discriminante en relation avec ses indicateurs réfléchissants. . Le Y Fornell - valeur Larcker est 0,509 qui est supérieure à 0,5.

- La deuxième évaluation de la validité discriminante, appliqué au niveau du modèle de mesure, utilise le AVE de valeur par rapport à la place de R avec la disposition suivante: Les valeurs AVE de la variable latente doit être plus élevée que la valeur R2 le plus élevé de l'autre variable latente . La valeur AVE X1 est 0,402 qui est plus que 0,371. Cela signifie que la X1 variable latente a modérée validité discriminante.La valeur X2 AVE est 0,581 qui est plus que 0,371. Cela signifie que la variable latente X2 a modéré la validité discriminante. La valeur Y AVE est une qui est supérieure à 0,371. Cela signifie que la variable latente Y a une grande validité discriminante

Chargements Cross.cette valeur est de sortie textuelle
La valeur des charges transversales est utilisé pour évaluer la validité discriminante au niveau du modèle de mesure avec la disposition suivante: la corrélation entre l'indicateur et la variable latente doit être plus élevé (dans le même bloc) avec la corrélation entre cet indicateur avec d'autres variables latentes (en dehors du bloc)

	X1	X2	Y
I1X1	0,311	0,026	0,030
I2X1	0,674	0,553	0,418
I3X1	0,803	0,334	0,370
I4X1	0,644	0,613	0,280
I1X2	0,503	0,632	0,339
I2X2	0,555	0,873	0,539
I1Y	0,509	0,592	1

Discriminante validité des indicateurs de X1

- La corrélation entre I1X1 et X1 est 0,311 qui est> à la corrélation entre I1X1 et X2 jusqu'à 0,026. Cela signifie que le I1X1indicator est valide.

- La corrélation entre I2X1 et X1 est 0,674 qui est> à la corrélation entre I2X1 et X2 jusqu'à 0,553. Cela signifie que l'indicateur de I2X1 est valide.

- La corrélation entre I3X1 et X1 est 0,803 qui est> à la corrélation entre I3X1 et X2 jusqu'à 0,334. Cela signifie que le I3X1indicator est valide

- La corrélation entre I4X1 et X1 est égal à 0. 644 qui est> à la corrélation entre I4X1 et X2 jusqu'à 0,613. Cela signifie que le I4X1indicator est valide

Discriminante validité des indicateurs de X2

- La corrélation entre I1X2 et X2 est 0,632 qui est> à la corrélation entre I1X2 et Y jusqu'à 0,339. Cela signifie que l'indicateur de I1X2 est valide.

- La corrélation entre I2X2 et X2 est 0,873 qui est> à la corrélation entre I2X2 et Y jusqu'à 0,539. Cela signifie que l'indicateur de I2X2 est valide

Discriminante validité des indicateurs de Y

La corrélation entre I1Y et Y est 1, qui est> à la corrélation entre I1Y et X1 jusqu'à 0,509. Cela signifie que l'indicateur de I1Y est valide.

Colinéarité Statistiques (VIF). cette valeur est de sortie textuelle

La valeur de VIF est utilisée pour vérifier la présence de colinéarité entre les variables indépendantes (variables latentes exogènes) avec la disposition suivante: colinéarité se produit lorsque la valeur de VIF est> 10.

- Les valeurs de IVF interne (au niveau du modèle de structure): X1 → Y: 1,889; X2 → Y: 1,889. Les valeurs de VIF est 1,889 <10; donc il n'y a pas multicolinéarité entre X1 et X2

- valeurs VIF externe (au niveau du modèle de mesure)

I1X1	1,314
I2X1	1,112
I3X1	1,633
I4X1	1,332
I1X2	1,032
I2X2	1,032
I1Y	1

Les valeurs de tous les indicateurs ci-dessus est inférieur à 10. Cela signifie qu'il n'y a pas multicolinéarité parmi les indicateurs

chargement externe: cette valeur est prise à partir du diagramme de trajet
La valeur de chargement externe est utilisé pour mesurer l'effet des variables latentes à leurs indicateurs respectifs. La valeur est comprise entre 0 - 1. Le plus proche de la valeur 1, plus l'effet est.

	X1	X2	Y
I1X1	0,311		
I2X1	0,674		
I3X1	0,803		
I4X1	0,644		
I1X2		0,632	
I2X2		0,873	
I1Y			1

- La charge externe à partir de X1 à I1X1 est 0,311. Cela signifie que l'effet de X1 à I1X1 est faible.

- La charge externe à partir de X1 à I2X1 est 0,674. Cela signifie que l'effet de X1 à I2X1 est forte

- La charge externe à partir de X1 à I3X1 est 0,803. Cela signifie que l'effet de X1 à I3X1 est très forte

- La charge externe à partir de X1 à I4X1 est 0,644. Cela signifie que l'effet de X1 à I4X1 est forte

- La charge externe à partir X2 à I1X2 est 0,674. Cela signifie que l'effet de X2 à I1X2 est forte

- La charge externe à partir X2 à I2X2 est 0,873. Cela signifie que l'effet de X2 à I2X2 est très forte

- The outer loading from Y to I1Y is 1. It means that the effect of Y to I1Y is very strong

Outer weight: this value is taken from the textual output
The outer weight value is an additional value of the PLS SEM that shows the weight of relationship between the latent variable and its indicators. The value ranges from 0 – 1. The closer to 1 the value, the stronger the effect is

	X1	X2	Y
I1X1	0.039		
I2X1	0.544		
I3X1	0.482		
I4X1	0.364		
I1X2		0.495	
I2X2		0.787	
I1Y			1

- The outer weight from X1 to I1X1 is 0.039. It means that the effect of X1 to I1X1 is weak.

- The outer weight from X1 to I2X1 is 0.544. It means that the effect of X1 to I2X1 is medium strong

- The outer weight from X1 to I3X1 is 0.482. It means that the effect of X1 to I3X1 is weak

- The outer weight from X1 to I4X1 is 0.364. It means that the effect of X1 to I4X1 is weak

- The outer weight from X2 to I1X2 is 0.495. It means that the effect of X2 to I1X2 is moderate

- The outer weight from X2 to I2X2 is 0.787. It means that the effect of X2 to I2X2 is very strong

- The outer weight from Y to I1Y is 1. It means that the effect of Y to I1Y is very strong

Model Fit. this value is taken from the textual output
This model fit values are used to assess the goodness of fit of the model. A model fits well if the difference between the correlation matrix implied by the model and the empirical correlation matrix is very small that it can be merely attributed to sampling error not to other factors. Nevertheless, the difference between the correlation matrix implied by the model and the empirical correlation matrix should be non-significant, namely the p value should be more than 0.05. Otherwise, if the discrepancy is significant where the p value is less than 0.05, thus the model fit is not good.

Dans Smart PLS l'ajustement du modèle est calculé deux fois sous forme de modèle et modèle estimé Saturé. La définition est la suivante: « Le modèle saturé est le modèle que nous avons pris dans la version précédente. Il évalue corrélation entre toutes les constructions. Le modèle estimé est un modèle qui est basé sur un système d'effet total et prend la structure du modèle en compte. Il est donc une version plus restreinte de la mesure en forme »(SmartPLS.de)

	Modèle saturé	Modèle estimé
SRMR	0,183	0,183
d_ULS	0,941	0,941
d_G1	0,456	0,456
d_G2	0,426	0,426
Chi place	59,555	59,555
NFI	0,258	0,258

Cet indice Fit se traduira par différentes du modèle ÉVALUATION comme ce que la bonté de l'indice en forme dans CB SEM. Chaque valeur va générer un résultat différent.

- **Racine résiduelle normalisée moyenne (de SRMR)**: Cette valeur est définie comme « the difference between the observed correlation and the model implied correlation matrix. Thus, it allows assessing the average magnitude of the discrepancies between observed and expected correlations as an absolute measure of (model) fit criterion" (SmartPLS.de). A value less than 0.10 or of 0.08 shows a good model. The smaller the values, the better the model is. The SRMR value is the Estimated Model column is 0.183 which is > 0.08 Thus the model is not good from this view point.

- d_ULS is the squared Euclidean distance with the value of 0.941

- d_G:the geodesic distance represents two different ways to compute the discrepancy between the empirical covariance matrix and the covariance

matrix implied by the composite factor model. The value of the d_LS and d_G in itself do not pertain any value.
- o d_G1: 0.451
- o d_G2: 0.426

- Chi – Square: 59.55. The Chi Square value is used assess the goodness of fit of the model with the value. The smaller the value the better the model is. Generally the ideal value is < 3. The Chi square value as much as 59.55 shows that the model is not good.

- NFI (Normal Fit Index): "The NFI is defined as 1 minus the Chi square value of the proposed model divided by the Chi square values of the null model. Consequently, the NFI results in values between 0 and 1. The closer the NFI to 1, the better the fit. NFI values above 0.9 usually represent acceptable fit" (SmartPLS.de) The NFI value as much as 0.258 > 0.9 shows that the model is not good from this view point.

8.2 Test d'hypothèse Utilisation de la valeur t

Les tests d'hypothèses peut être fait en utilisant les valeurs de t. Pour obtenir les valeurs de t, utilisez les setps suivants

- Calculer> Bootstrap

- A l'option de sous-échantillon: entrez 30 (la taille de l'échantillon disponible)

- démarrer le calcul

Le résultat est le suivant

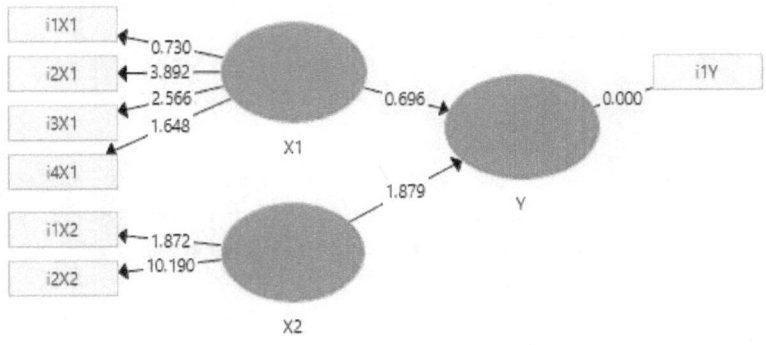

Les valeurs de t sont les suivantes:

- La valeur de t de X1 à Y est 0,69
- La valeur t de X2 à Y est 1,879
- La valeur de t de X1 à I1X1 est 0,730
- La valeur de t de X1 à I2X1 est 3,892
- La valeur de t de X1 à I3X1 est 2,566
- La valeur de t de X1 à I4X1 est de 1,648
- La valeur t de X2 à I1X2 est 1,872
- La valeur t de X2 à I2X2 est 10,190
- La valeur t de Y à I1Y est 0.

Test d'hypothèse pour le modèle structurel

Tout d'abord: Test X1 à Y Hypothesis

Pour effectuer les tests d'hypothèses, procédez comme suit

Tout d'abord: énoncer l'hypothèse comme suit

H0: La variable latente exogène X1 avec ses indicateurs n'affecte pas la variable latente endogène Y avec ses indicateurs

H1: La variable latente exogène X1 avec ses indicateurs affecte la variable latente endogène Y avec ses indicateurs

Calculer la table de t (Ta)

La disposition est la suivante: utilisation de la valeur p ou a autant que 0,05 et degré de liberté (DF) de n-2. Le nombre de cas est de 100; de sorte que la valeur DF: 30-2 = 28. Le 0,05 t; 28 de la table t est 1,701. Le tableau t est aussi appelé Ta.

Utilisez les critères suivants pour tester l'hypothèse

Si à> Ta, puis rejeter H0 et accepter H1

Si à <Ta, puis accepter H0 et rejeter H1

Enfin, prendre la décision comme suit

De la sortie de la à est de 0,69 <1,701 Ta; ainsi accepter H0 et rejeter H1. Cela signifie que le X1 ne modifie pas la Y1 de manière significative

Seconde: Test d'hypothèse X2 à Y

Pour effectuer les tests d'hypothèses, procédez comme suit

Tout d'abord: énoncer l'hypothèse comme suit

H0: La variable latente exogène X2 avec ses indicateurs n'affecte pas la variable latente endogène Y avec ses indicateurs

H1: La variable latente exogène X2 avec ses indicateurs affecte la variable latente endogène Y avec ses indicateurs

Calculer la table de t (Ta)

La disposition est la suivante: utilisation de la valeur p ou a autant que 0,05 et degré de liberté (DF) de n-2. Le nombre de cas est de 100; de sorte que la valeur DF: 30-2 = 28. Le 0,05 t; 28 de la table t est 1,701. Le tableau t est aussi appelé Ta.

Utilisez les critères suivants pour tester l'hypothèse

Si à> Ta, puis rejeter H0 et accepter H1

Si à <Ta, puis accepter H0 et rejeter H1

Enfin, prendre la décision comme suit

De la sortie du à 1,87 est> 1,701 Ta; rejeter ainsi H0 et accepter H1. Cela signifie que le X2 affecte le Y1 significativement

Test d'hypothèse pour le modèle de mesure
Etant donné que dans la population réelle de recherche trouve généralement que l'effet de la variable latente exogène à la variable latente endogène, en dessous du test d'hypothèses au niveau du modèle de mesure est seulement donné un exemple. Le reste peut se faire de la même manière.

Test d'hypothèse X1 à I1X1

Pour effectuer les tests d'hypothèses, procédez comme suit

Tout d'abord: énoncer l'hypothèse comme suit

H0: La variable latente exogène X1 ne modifie pas l'indicateur de I1X1

H1: La variable latente exogène X1 affecte l'indicateur de I1X1

Calculer la table de t (Ta)

La disposition est la suivante: utilisation de la valeur p ou a autant que 0,05 et degré de liberté (DF) de n-2. Le nombre de cas est de 100; de sorte que la valeur DF: 30-2 = 28. Le 0,05 t; 28 de la table t est 1,701. Le tableau t est aussi appelé Ta.

Utilisez les critères suivants pour tester l'hypothèse

Si à> Ta, puis rejeter H0 et accepter H1

Si à <Ta, puis accepter H0 et rejeter H1

Enfin, prendre la décision comme suit

De la sortie du à 0,730 est <1,701 Ta; ainsi accepter H0 et rejeter H1. Cela signifie que la variable latente exogène X1 ne modifie pas l'indicateur de I1X1 significativement

8.3 Un modèle de deux

Variables et exogènes Latent une variable Endogène Latent avec ses indicateurs Endogène formatives
Pour un modèle de formation, procédez comme suit

- Activez le PLS SEM

- Activez le fichier modèle1> Enregistrer sous « formative_model1

- Placez le curseur sur la variable latente exogène X1> cliquez droit de la souris> **Alterner entre Formative / réfléchissant**

- Faites la même étape avec la variable latente X2 et Y

Le résultat est le suivant

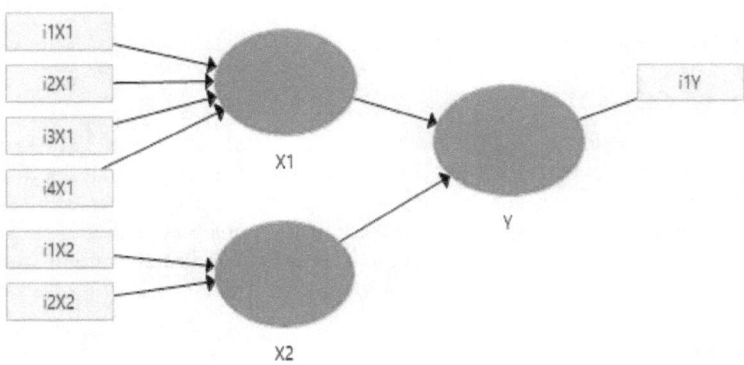

Pour effectuer le calcul, procédez comme suit

- Sélectionnez Calculer> PLS algorithme> démarrer le calcul

Le résultat et l'interprétation sont les suivantes

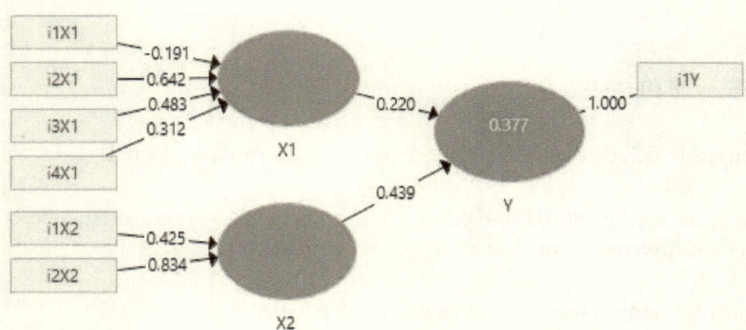

La sortie du schéma de trajet

La place de la R (R2): 0,377

La valeur du carré R est 0,377. Cela signifie que la variabilité du Y et son indicateur peut être expliqué par le X1 et X2 avec leurs indicateurs autant que 0,377, tandis que le reste, autant que 0,623 doit être expliquée par d'autres facteurs en dehors de ce modèle. En d'autres termes, nous pouvons dire que le X1 et X2 avec leurs indicateurs affectent le Y et son indicateur autant que 0,377.

La valeur du carré R ajusté:

La valeur R carré ajusté est 0,331 (cette valeur peut être trouvée dans la sortie textuelle). Pour interpréter cette valeur est la même chose avec l'interprétation de la place R est ajusté de régression linéaire. Cette valeur est un ajustement de la place de R avec la valeur est toujours inférieure à celle du carré R. L'hypothèse est que le nombre des variables indépendantes sont ajoutées, cette valeur augmente.

Le coefficient de trajet

- De X1 à Y: 0,220

- De X2 à Y: 0,439

La valeur od le coefficient de trajet utilise le coefficient de régression normalisés (bêta). Cette valeur est comprise entre 0 - 1. Le plus proche de la valeur 1, plus l'effet est.

- X1 → Y: 0,220. Le coefficient de trajet du X1 à Y est 0,220. Cette valeur est égale à la valeur du coefficient de régression standardisé en régression linéaire. L'interprétation est la suivante: le 0,220 est le changement de la valeur Y lorsque le X1 et ses indicateurs subissent un changement d'unité. Lorsque la valeur est positive; alors le changement est une augmentation. Lorsque la valeur est négative; alors le changement est une diminution. Dans ce contexte, 0,220 est l'augmentation de la valeur Y lorsque le X1 et ses indicateurs subissent un changement d'unité

  X2 → Y: 0,439. La 0,439 est l'augmentation de la valeur Y lorsque le X2 et ses indicateurs subissent un changement d'unité

chargement externe: cette valeur est prise à partir du diagramme de trajet
La valeur de chargement externe est utilisé pour mesurer l'effet des variables latentes à leurs indicateurs respectifs. La valeur est comprise entre 0 - 1. Le plus proche de la valeur 1, plus l'effet est.

	X1	X2	Y
I1X1	-0,191		
I2X1	0,642		
I3X1	0,483		
I4X1	0,312		
I1X2		0,425	
I2X2		0,834	
I1Y			1

- La charge externe à partir de I1X1 X1 est -0,191. Cela signifie que l'effet de I1X1 à X1 est faible.

- La charge externe à partir de I2X1 X1 est 0,642. Cela signifie que l'effet de I2X1 à X1 est forte

- La charge externe à partir de I3X1 X1 est 0,483. Cela signifie que l'effet de I3X1 à X1 est modérée

- La charge externe à partir de I4X1 X1 est 0,312. Cela signifie que l'effet de I4X1 à X1 est faible

- La charge externe à partir de I1X2 X2 est 0,425. Cela signifie que l'effet de I1X2 à X2 est modérée

- La charge externe à partir de I2X2 X2 est 0,834. Cela signifie que l'effet de I2X2 à X2 est très forte

- La charge externe à partir de I1Y Y est égal à 1. Cela signifie que l'effet de I1Y à Y est très forte

La valeur du carré de f (f2): Cette valeur est de sortie textuelle
- X1 → Y: 0,039. Le carré de f est la valeur qui est utilisée pour mesurer la force de l'effet d'une variable latente exogène sur une variable latente endogène sans leurs indicateurs (au niveau du modèle structurel). Ainsi, la valeur 0,039 signifie que l'effet de X1 à Y. Cette valeur tombe en effet faible

- X2 → Y: 0,157. La valeur 0,157 signifie que l'effet de X2 à Y. Cette valeur tombe en effet modéré

Construire Fiabilité et validité : Cette valeur est de sortie textuelle
- .Rho_ A: le produit doit être> 0,7 coupure valeur de coefficient Dijkstra-Henseler Rho_A que la fiabilité Composite
    - X1: 1
    - X2: 1
    - Y: 1
        Le résultat du calcul de X1, X2 et Y représente la valeur de Rho_A autant que 1> 0,7. Cela signifie que les variables latentes sont toutes fiables.

Validité discriminante. cette valeur est de sortie textuelle
- Fornell - Larcker: X1 est 0,703; X2 est 0,594; Y est 0,529. Le Fornell - la valeur de Larcker est utilisée pour évaluer la validité discriminante indiquant que la valeur de la variable latente peut expliquer plus de la moitié de la variance de ses indicateurs afin de prouver que la variable latente sous-tend les indicateurs liés au niveau du modèle structurel. La valeur minimale est de 0,5. Le X1 Fornell - valeur Larcker est 0,703 qui est supérieure à 0,5. Cela signifie que la variable latente X1 a une grande validité discriminante en relation avec ses indicateurs réfléchissants. . Le X2 Fornell - valeur Larcker est 0,594 qui est supérieure à 0,5. Cela signifie que la variable latente X2 a une grande validité discriminante en relation avec ses indicateurs réfléchissants. Le Y Fornell - valeur Larcker est 0,529 qui est supérieure à 0,5.

Chargements Cross.cette valeur est de sortie textuelle
La valeur des charges transversales est utilisé pour évaluer la validité discriminante au niveau du modèle de mesure avec la disposition suivante: la corrélation entre l'indicateur et la variable latente doit être plus élevé (dans le même bloc) avec la corrélation entre cet indicateur avec d'autres variables latentes (en dehors du bloc)

	X1	X2	Y
I1X1	0,057	-0,012	0,030
I2X1	0,790	0,558	0,339
I3X1	0.700	0,312	0,370
I4X1	0,529	0,614	0,280
I1X2	0,790	0,558	0,418
I2X2	0,629	0,908	0,539
I1Y	0,529	0,594	1

Discriminante validité des indicateurs de X1

- La corrélation entre I1X1 et X1 est 0,957 qui est> à la corrélation entre I1X1 et X2 autant as- 0,012. Cela signifie que le I1X1indicator est valide.

- La corrélation entre I2X1 et X1 est 0,790 qui est> à la corrélation entre I2X1 et X2 jusqu'à 0,558. Cela signifie que l'indicateur de I2X1 est valide.

- La corrélation entre I3X1 et X1 est 0,700 qui est> à la corrélation entre I3X1 et X2 jusqu'à 0,312. Cela signifie que le I3X1indicator est valide

- La corrélation entre I4X1 et X1 est 0,529 qui est> à la corrélation entre I4X1 et Y jusqu'à 0,280. Cela signifie que le I4X1indicator est valide

Discriminante validité des indicateurs de X2

- La corrélation entre I1X2 et X2 est 0,558 qui est> à la corrélation entre I1X2 et Y jusqu'à 0418 .. Cela signifie que l'indicateur de I1X2 est valide.

- La corrélation entre I2X2 et X2 est 0,908 qui est> à la corrélation entre I2X2 et Y jusqu'à 0,539. Cela signifie que l'indicateur de I2X2 est valide

Discriminante validité des indicateurs de Y

La corrélation entre I1Y et Y est 1, qui est> à la corrélation entre I1Y et X1 jusqu'à 0,529. Cela signifie que l'indicateur de I1Y est valide.

Colinéarité Statistiques (VIF). cette valeur est de sortie textuelle
La valeur de VIF est utilisée pour vérifier la présence de colinéarité entre les variables indépendantes (variables latentes exogènes) avec la disposition suivante: colinéarité se produit lorsque la valeur de VIF est> 10.

- Les valeurs de IVF interne (au niveau du modèle de structure): X1 → Y: 1,978; X2 → Y: 1,978. Les valeurs de VIF est 1,978 <10; donc il n'y a pas multicolinéarité entre X1 et X2

- valeurs VIF externe (au niveau du modèle de mesure)

I1X1	1,314
I2X1	1,112
I3X1	1,633
I4X1	1,332
I1X2	1,032
I2X2	1,032
I1Y	1

Les valeurs de tous les indicateurs ci-dessus est inférieur à 10. Cela signifie qu'il n'y a pas multicolinéarité parmi les indicateurs

chargement externe:cette valeur est prise à partir du diagramme de trajet
La valeur de chargement externe est utilisé pour mesurer l'effet des variables latentes à leurs indicateurs respectifs. La valeur est comprise entre 0 - 1. Le plus proche de la valeur 1, plus l'effet est.

	X1	X2	Y
I1X1	0,311		
I2X1	0,674		
I3X1	0,803		
I4X1	0,644		
I1X2		0,632	
I2X2		0,873	
I1Y			1

- La charge externe à partir de X1 à I1X1 est 0,311. Cela signifie que l'effet de X1 à I1X1 est faible.

- La charge externe à partir de X1 à I2X1 est 0,674. Cela signifie que l'effet de X1 à I2X1 est forte

- La charge externe à partir de X1 à I3X1 est 0,803. Cela signifie que l'effet de X1 à I3X1 est très forte

- La charge externe à partir de X1 à I4X1 est 0,644. Cela signifie que l'effet de X1 à I4X1 est forte

- La charge externe à partir X2 à I1X2 est 0,674. Cela signifie que l'effet de X2 à I1X2 est forte

- La charge externe à partir X2 à I2X2 est 0,873. Cela signifie que l'effet de X2 à I2X2 est très forte

- Le chargement externe de Y à I1Y est égal à 1. Cela signifie que l'effet de Y à I1Y est très forte

poids extérieur: Cette valeur est tirée de la sortie textuelle
La valeur de poids est une valeur externe supplémentaire de la PLS SEM montre que le poids de la relation entre la variable latente et de ses indicateurs. La valeur varie de 0 - 1. Le plus proche de la valeur 1, plus l'effet est

	X1	X2	Y
I1X1	-0,191		
I2X1	0,642		
I3X1	0,483		
I4X1	0,312		
I1X2		0,425	
I2X2		0,834	
I1Y			1

- Le poids extérieur de I1X1 à X1 est -0,191. Cela signifie que l'effet de I1X1 à X1 est faible.

- Le poids extérieur de I2X1 à X1 est 0,642. Cela signifie que l'effet de I2X1 à X1 est forte

- Le poids extérieur de I3X1 à X1 est 0,483. Cela signifie que l'effet de I3X1 à X1 est faible

- Le poids extérieur de I4X1 à X1 est 0,312. Cela signifie que l'effet de I4X1 à X1 est faible

- Le poids extérieur de I1X2 à X2 est 0,425. Cela signifie que l'effet de I1X2 à X1 est faible

- Le poids extérieur de I2X2 à X1 est 0,834. Cela signifie que l'effet de I2X2 à X2 est très forte

- Le poids extérieur de I1Y à Y est égal à 1. Cela signifie que l'effet de I1Y à Y est très forte

Modèle Fit. cette valeur est tirée de la sortie textuelle
Le résultat de l'ajustement du modèle est la suivante

	Modèle saturé	Modèle estimé
SRMR	0,117	0,117
d_ULS	0,386	0,386
d_G1	0,258	0,258
d_G2	0,237	0,237
Chi place	28,378	28,378
NFI	0,647	0,647

Cet indice Fit se traduira par différentes du modèle ÉVALUATION comme ce que la bonté de l'indice en forme dans CB SEM. Chaque valeur va générer un résultat différent.

- **Racine résiduelle normalisée moyenne (de SRMR):** La valeur SRMR est la colonne modèle estimé est 0,117 qui est> 0,08 Ainsi, le modèle est pas bon de ce point de vue.

- d_ULS est la distance euclidienne au carré avec la valeur de 0,386

- d_G1: 0,258

- d_G2: 0,237

- Chi - Square: 28,378. La valeur du chi carré est utilisé d'évaluer la qualité de l'ajustement du modèle avec la valeur. Plus la valeur est plus le modèle est. En général, la valeur idéale est <3. La valeur du Khi autant que 28,378 montre que le modèle n'est pas bon.

- NFI (indice normal Fit): La valeur NFI autant que 0,647> 0,9 montre que le modèle n'est pas bon de ce point de vue

Test d'hypothèse en utilisant la valeur de t

Les tests d'hypothèses peut être fait en utilisant les valeurs de t. Pour obtenir les valeurs de t, utilisez les setps suivants

- Calculer> Bootstrap

- A l'option de sous-échantillon: entrez 30 (la taille de l'échantillon disponible)

- démarrer le calcul

Le résultat est le suivant

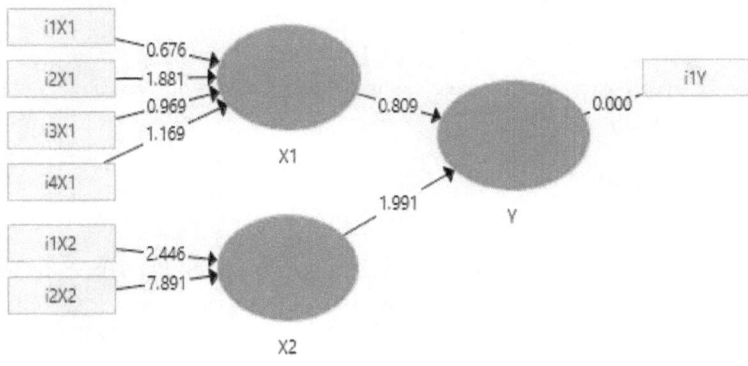

Les valeurs de t sont les suivantes:

- La valeur de t de X1 à Y est 0,809

- La valeur t de X2 à Y est 1,991

- La valeur de t de I1X1 à X1 est 0,676

- La valeur de t de I2X1 à X1 est 0,181

- La valeur de t de I3X1 à X1 est 0,969

- La valeur de t de I4X1 à X1 est 1,169

- La valeur de t de I1X2 à X2 est 2,446

- La valeur de t de I2X2 à X2 est 7,891

- La valeur t de I1Y à Y est 0.

Test d'hypothèse pour le modèle structurel

Tout d'abord: Test X1 à Y Hypothesis

Pour effectuer les tests d'hypothèses, procédez comme suit

Tout d'abord: énoncer l'hypothèse comme suit

H0: La variable latente exogène X1 avec ses indicateurs n'affecte pas la variable latente endogène Y avec ses indicateurs

H1: La variable latente exogène X1 avec ses indicateurs affecte la variable latente endogène Y avec ses indicateurs

Calculer la table de t (Ta)

La disposition est la suivante: utilisation de la valeur p ou a autant que 0,05 et degré de liberté (DF) de n-2. Le nombre de cas est de 100; de sorte que la valeur DF: 30-2 = 28. Le 0,05 t; 28 de la table t est 1,701. Le tableau t est aussi appelé Ta.

Utilisez les critères suivants pour tester l'hypothèse

Si à> Ta, puis rejeter H0 et accepter H1

Si à <Ta, puis accepter H0 et rejeter H1

Enfin, prendre la décision comme suit

De la sortie du à 0,809 est <1,701 Ta; ainsi accepter H0 et rejeter H1. Cela signifie que le X1 ne modifie pas la Y1 de manière significative

Seconde: Test d'hypothèse X2 à Y

Pour effectuer les tests d'hypothèses, procédez comme suit

Tout d'abord: énoncer l'hypothèse comme suit

H0: La variable latente exogène X2 avec ses indicateurs n'affecte pas la variable latente endogène Y avec ses indicateurs

H1: La variable latente exogène X2 avec ses indicateurs affecte la variable latente endogène Y avec ses indicateurs

Calculer la table de t (Ta)

La disposition est la suivante: utilisation de la valeur p ou a autant que 0,05 et degré de liberté (DF) de n-2. Le nombre de cas est de 100; de sorte que la valeur DF: 30-2 = 28. Le 0,05 t; 28 de la table t est 1,701. Le tableau t est aussi appelé Ta.

Utilisez les critères suivants pour tester l'hypothèse

Si à> Ta, puis rejeter H0 et accepter H1

Si à <Ta, puis accepter H0 et rejeter H1

Enfin, prendre la décision comme suit

De la sortie du à 1,991 est> 1,701 Ta; rejeter ainsi H0 et accepter H1. Cela signifie que le X2 affecte le Y1 significativement

Test d'hypothèse pour le modèle de mesure

Test d'hypothèse X1 à I1X1

Pour effectuer les tests d'hypothèses, procédez comme suit

Tout d'abord: énoncer l'hypothèse comme suit

H0: L'indicateur de I1X1 n'affecte pas la variable latente exogène X1

H1: L'indicateur I1X1 affecte la variable latente exogène X1

Calculer la table de t (Ta)

La disposition est la suivante: utilisation de la valeur p ou a autant que 0,05 et degré de liberté (DF) de n-2. Le nombre de cas est de 100; de sorte que la valeur DF: 30-2 = 28. Le 0,05 t; 28 de la table t est 1,701. Le tableau t est aussi appelé Ta.

Utilisez les critères suivants pour tester l'hypothèse

Si à> Ta, puis rejeter H0 et accepter H1

Si à <Ta, puis accepter H0 et rejeter H1

Enfin, prendre la décision comme suit

De la sortie du à 0,676 est <1,701 Ta; ainsi accepter H0 et rejeter H1. Cela signifie que l'indicateur de I1X1 affecte la variable latente exogène X1 significativement

8.4 Exercices

Dans cet exercice, nous allons calculer l'effet de deux variables latentes exogènes de X1 et X2 avec deux indicateurs respectivement sur une variable latente endogène de Y avec ses deux indicateurs. Le modèle est le suivant

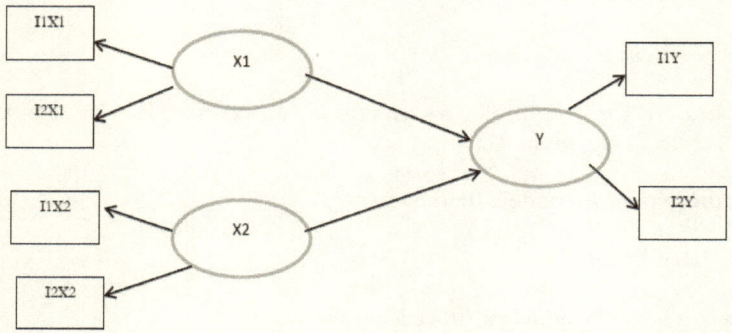

Utilisez les données suivantes pour effectuer l'analyse. Tout d'abord, saisir les données au format Excell, puis sur Enregistrer sous CSV Type (Comma Delimited). Le nom du fichier est exercise1.csv

Non	I1X1	I2X1	X1	I1X2	I2X2	X2	I1Y	I2Y	Y
1	4	5	3	5	3	5	3	4	5

2	5	5	5	5	5	5	5	5	5
3	4	4	4	4	4	4	4	4	4
4	3	5	4	5	3	5	4	5	3
5	4	4	4	4	4	4	4	4	4
6	5	5	5	5	5	5	5	5	5
7	4	4	4	4	4	4	4	4	4
8	3	3	3	3	3	3	3	3	3
9	4	4	4	4	4	4	4	4	4
10	4	3	4	3	4	3	4	3	3
11	5	5	5	5	5	5	5	5	5
12	5	5	5	5	5	5	5	5	5
13	5	5	5	5	5	5	5	5	5
14	4	4	4	4	4	4	4	4	4
15	5	3	5	5	4	5	3	5	4
16	4	4	4	4	4	4	4	4	4
17	5	5	5	5	5	5	5	5	5
18	4	4	4	4	4	4	4	4	4
19	5	5	5	5	5	5	5	5	5
20	5	4	5	4	5	4	5	4	5
21	5	5	5	5	5	5	5	5	5
22	5	4	3	4	3	4	5	4	5
23	5	5	5	5	5	5	5	5	5
24	4	4	4	4	4	4	4	4	4
25	5	5	5	5	5	5	5	5	5
26	5	5	5	5	5	5	5	5	5
27	5	5	5	5	5	5	5	5	5
28	4	4	4	4	4	4	4	4	4
29	5	5	5	5	5	5	5	5	5
30	5	3	5	3	5	3	5	3	5

CHAPITRE 9
APPLICATION DE PLS SEM 2

9.1 Un exogène modèle endogène intervening

Dans cette partie, nous apprendrons la relation entre les quatre variables latentes avec chacun deux indicateurs réfléchissants. Le modèle est le suivant.

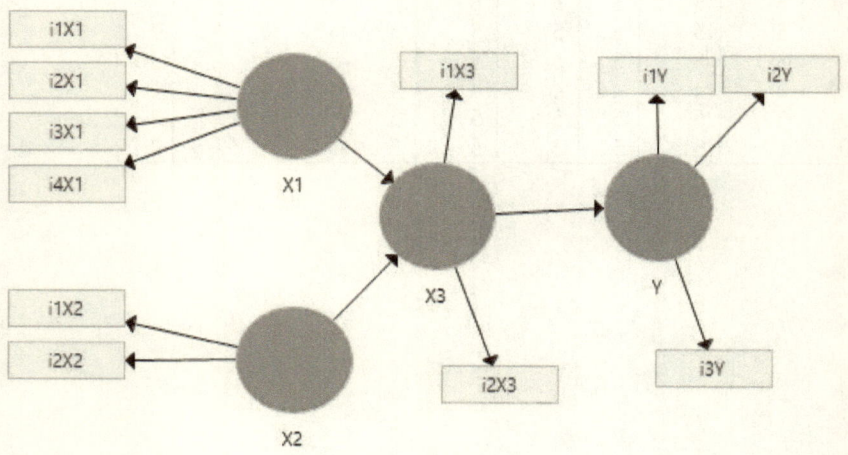

où

- X1: la première variable latente exogène
- I1X1: le premier indicateur de X1
- I2X1: le deuxième indicateur de X1

Modélisation par équation structurelle: Théorie et application

- I3X1: le premier indicateur de X1
- I4X1: le premier indicateur de X1
  X2: la seconde variable latente exogène
-] I1X2: le premier indicateur de X2
- I2X2: le deuxième indicateur de X2
- X3: la variable latente endogène intervenant
- I1X3: le premier indicateur de X3
- I2X3: le deuxième indicateur de X3
- Y: la variable latente endogène
- I1Y: le premier indicateur de Y
- I2Y: le deuxième indicateur de Y
- I3Y: le deuxième indicateur de Y

Deuxièmement: les données d'entrée dans Excel

Les données doivent être enregistrées dans le type CSV comme suit: Enregistrer sous> Nom du fichier: data2.csv et Enregistrer sous type CSV (Comma Delimited) puis appuyez sur Enregistrer. (Les données peuvent être téléchargées dans le web de l'auteur comme indiqué dans la reconnaissance).

Troisièmement: tracer le diagramme de chemin

Dessiner le diagramme de chemin en suivant les étapes suivantes:

- activer SmartPLS
- Sélectionnez Fichier> Nouveau> Créer un nouveau projet pour afficher la boîte de dialogue Créer un projet de
- Tapez le nom du projet comme « model2 » au Nom du projet> Suivant
- Double-cliquez pour importer des données dans le fichier de l'explorateur de projet dan cari de data2.csv> Ouvrir> OK
- Cliquer model1 pour commencer à dessiner le schéma de trajet: dessiner 4 variables latentes de X1, X2, X3 et Y à l'aide de l'option de variable latente dans le menu. Pour renommer l'image par défaut, placez le curseur sur l'image ovale rouge puis cliquez droit de la souris, sélectionnez renommage. Nom de la première variable latente X1. Faites la même chose avec le X2 et X3 ainsi que la variable latente Y. Connectez les variables quatre en utilisant la flèche. Ensuite, faites glisser tous les indicateurs à la variable latente respective de la boîte à gauche dans la zone de dessin.
  Le résultat comme suit

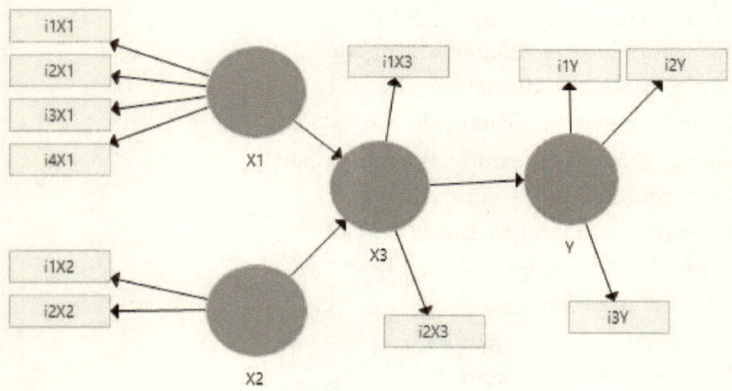

Quatrième: calcul de la conduite

Pour calculer ces données, procédez comme suit:

- Sélectionnez « Calculer »> choisissez PLS algorithme> démarrer le calcul

Le résultat et l'interprétation sont les suivantes:

La figure ci-dessous le schéma de trajet avec les valeurs estimées des paramètres pour résultat du calcul.

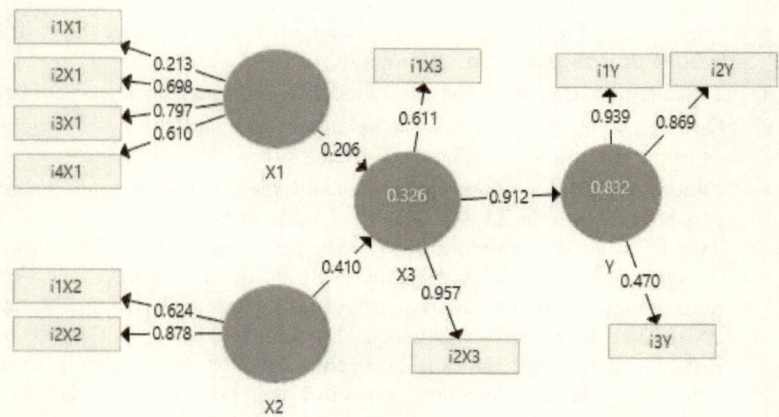

Les valeurs estimées des paramètres seront discutés un par un comme suit.

La valeur de R au carré (R2)

Modélisation par équation structurelle: Théorie et application

- **X1 et X2 à X3** La valeur du carré R est 0,326. Cela signifie que la variabilité du X3 et son indicateur peut être expliqué par le X1 et X2 avec leurs indicateurs autant que 0,326, tandis que le reste, autant que 0,674 doit être expliquée par d'autres facteurs en dehors de ce modèle. En d'autres termes, nous pouvons dire que le X1 et X2 avec leurs indicateurs affectent le X3 avec son indicateur jusqu'à 0,26.

- **X3 à Y:** La valeur du carré R est 0,832. Cela signifie que la variabilité du Y et son indicateur peut être expliqué par le X3 avec ses indicateurs autant que 0,832, tandis que le reste, autant que 0,168 doit être expliquée par d'autres facteurs en dehors de ce modèle. En d'autres termes, nous pouvons dire que le X3 avec ses indicateurs affecte le Y avec son indicateur jusqu'à 0,832

La valeur du carré R ajusté:
- **X1 et X3 X3** La valeur R carré ajusté est 0,276 (cette valeur peut être trouvée dans la sortie textuelle). Pour interpréter cette valeur est la même chose avec l'interprétation de la place R est ajusté de régression linéaire. Cette valeur est un ajustement de la place de R avec la valeur est toujours inférieure à celle du carré R. L'hypothèse est que le nombre des variables indépendantes sont ajoutées, cette valeur augmente. De plus, si la valeur se rapproche du modèle 1 est mieux.

- X3 à Y: 0,826. Le 0,826 signifie que le modèle que nous faisons est bon puisque la valeur se rapproche de 1.

La valeur du coefficient de trajet
La valeur od le coefficient de trajet utilise le coefficient de régression normalisés (bêta). Cette valeur est comprise entre 0 - 1. Le plus proche de la valeur 1, plus l'effet est.
- X1 → X3: 0,206. Le coefficient de trajet du X1 à X3 est 0,206. Cette valeur est égale à la valeur du coefficient de régression standardisé en régression linéaire. L'interprétation est la suivante: le 0,206 est le changement de la valeur X3 lorsque X1 et ses indicateurs subissent un changement d'unité. Lorsque la valeur est positive; alors le changement est une augmentation. Lorsque la valeur est négative; alors le changement est une diminution. Dans ce contexte, 0,206 est l'augmentation de la valeur X3 lorsque X1 et ses indicateurs subissent un changement d'unité

- X2 → X3: 0,410. La 0,410 est l'augmentation de la valeur X3 lorsque le X2 et ses indicateurs subissent un changement d'unité

- X3 → Y: 0,912. La 0,912 est l'augmentation de la valeur Y lorsque le X3 et ses indicateurs subissent un changement d'unité

La valeur du carré de f (f2) : Cette valeur est de sortie textuelle
- X1 → X3: 0,033. Le carré de f est la valeur qui est utilisée pour mesurer la force de l'effet d'une variable latente exogène sur une variable latente endogène sans leurs indicateurs (au niveau du modèle structurel). Ainsi, la valeur 0,033 signifie que l'effet de X1 à X3. Cette valeur tombe en effet faible

- X2 → X3: 0,177. La valeur 0,132 signifie que l'effet de X2 à X3. Cette valeur tombe en effet modéré

- X3 → Y: 4,965. La valeur 4,965 signifie que l'effet de X3 à Y. Cette valeur tombe en effet fort

Construire Fiabilité et validité : Cette valeur est de sortie textuelle
- Les valeurs d'Alpha du X1 est 0,556 du Cronbach, X2 est 0,298, X3 est 0,524, et Y est 0,681. La valeur de X1 Cronbach Alpha est 0,556 (0,6) est égal à 0,6 si la variable X1 est fiable. La valeur de X2 Cronbach Alpha autant que 0,298 est <0,6 si la variable X2 est pas fiable. La valeur de X3 Cronbach Alpha autant que 0,524 est <0,6 si la variable X3 n'est pas fiable. La valeur Alpha Y Cronbach autant que 0,681 est> 0,6 si la variable Y est fiable

- Fiabilité Composite: X1 est 0,686; X2 est 0,729; X3 est 0,776; Y est 0,820. La fonction de fiabilité composite est la même chose avec la valeur Alpha de Cronbach. La limite inférieure de la fiabilité idéale est de 0,6. La valeur de fiabilité composite X1 est 0,686 qui est supérieur à 0,6. Cela signifie que la variable latente X1 a la fiabilité. La valeur de fiabilité composite X2 est 0,729 qui est supérieur à 0,6. Cela signifie que la variable latente X2 a une grande fiabilité. La valeur de fiabilité composite X3 est 0,776 qui est supérieur à 0,6. Cela signifie que la variable latente X3 a une grande fiabilité. La valeur de fiabilité composite Y est 0,820 qui est supérieur à 0,6. Cela signifie que la variable latente Y a une très grande fiabilité.

- AVE: X1 est 0,385; X2 est 0,581; X3 est 0,664; Y est 0,619. La valeur de AVE X1 est 0,385 qui est inférieure à 0,5. Cela signifie que la variable latente X1 a une validité de convergence, en relation avec ses indicateurs réfléchissants. La valeur X2 est AVE 0,581 qui est supérieure à 0,5. Cela signifie que la variable latente X2 a une validité modérée de convergence en relation avec ses indicateurs réfléchissants. La valeur de AVE X3 est 0,664 qui est supérieure à 0,5. Cela signifie que la variable latente X3 a une validité modérée de convergence en relation avec ses indicateurs réfléchissants. La valeur Y est AVE 0,619 qui est supérieure à 0,5. Cela signifie que la variable latente Y a de très haute validité de convergence en relation avec son indicateur de réflexion.

Validité discriminante. cette valeur est de sortie textuelle
- Fornell - Larcker: X1 est 0,621; X2 est 0,762; X3 est 0,803; et Y est 0,787. Le X1 Fornell - valeur Larcker est 0,621 qui est supérieure à 0,5. Cela signifie que la variable latente X1 a une grande validité discriminante en relation avec ses indicateurs réfléchissants. Le X2 Fornell - valeur Larcker est 0,762 qui est supérieure à 0,5. Cela signifie que la variable latente X2 a une grande validité discriminante en relation avec ses indicateurs réfléchissants. Le X3 Fornell - valeur Larcker est 0,803 qui est supérieure à 0,5. Cela signifie que la variable latente X3 a une grande validité discriminante en relation avec ses indicateurs réfléchissants. Le Y Fornell - valeur Larcker est 0,787 qui est supérieure à 0,5. Cela signifie que la variable latente Y a une grande validité discriminante en relation avec ses indicateurs réfléchissants

- La deuxième évaluation de la validité discriminante. La valeur de AVE X1 est 0,385 qui est plus que la valeur de carré R de 0,326. Cela signifie que la X1 variable latente a modérée validité discriminante. La valeur X2 est AVE 0,581 qui est plus que la valeur de carré R de 0,326. Cela signifie que la variable latente X2 a modéré la validité discriminante. La valeur de AVE X3 est 0,644 qui est plus que la valeur de carré R de 0,326. Cela signifie que la variable latente X3 a modéré la validité discriminante. La valeur Y est AVE 0,619 qui est supérieur à la valeur de carré R de 0,371. Cela signifie que la variable latente Y a une grande validité discriminante

Chargements Cross. cette valeur est de sortie textuelle
Les chargements croisés valeurs de tous les indicateurs sont les suivants.

	X1	X2	X3	Y
I1X1	0,213	0,021	-0,051	0,118
I2X1	0,698	0,554	0,376	0,377
I3X1	0,150	0,158	0,611	0,378
I4X1	0,610	0,613	0,232	0,345
I1X2	0,473	0,624	0,309	0,470
I2X2	0,575	0,878	0,505	0,470
I1X3	0,150	0,158	0,611	0,378
I2X3	0,520	0,593	0,957	0,939
I1Y	0,520	0,593	0,957	0,930
I2Y	0,427	0,336	0,709	0,869
I3Y	0,473	0,624	0,309	0,470

Discriminante validité des indicateurs de X1

- La corrélation entre I1X1 et X1 est 0,213 qui est> à la corrélation entre I1X1 et X2 jusqu'à 0,021. Cela signifie que le I1X1indicator est valide.

- La corrélation entre I2X1 et X1 est 0,698 qui est> à la corrélation entre I2X1 et X2 jusqu'à 0,554. Cela signifie que l'indicateur de I2X1 est valide.

- La corrélation entre I3X1 et X1 est 0,150 qui est <à la corrélation entre I3X1 et X2 jusqu'à 0,158. Cela signifie que le I3X1indicator n'est pas valide

- La corrélation entre I4X1 et X1 est égal à 0. 610 qui est> à la corrélation entre I4X1 et X3 jusqu'à 0,232. Cela signifie que le I4X1indicator est valide

Discriminante validité des indicateurs de X2

- La corrélation entre I1X2 et X2 est 0,624 qui est> à la corrélation entre I1X2 et X3 jusqu'à 0,309. Cela signifie que l'indicateur de I1X2 est valide.
- La corrélation entre I2X2 et X2 est 0,878 qui est> à la corrélation entre I2X2 et X3 jusqu'à 0,505. Cela signifie que l'indicateur de I2X2 est valide

Discriminante validité des indicateurs de X3

- La corrélation entre I1X3 et X3 est 0,611 qui est> à la corrélation entre I1X3 et Y jusqu'à 0,378. Cela signifie que l'indicateur de I1X3 est valide.

- La corrélation entre I2X3 et X3 est 0,957 qui est> à la corrélation entre I2X3 et Y jusqu'à 0,939. Cela signifie que l'indicateur de I2X3 est valide

Discriminante validité des indicateurs de Y

- La corrélation entre I1Y et Y est 0,930 qui est> à la corrélation entre I1Y et X1 jusqu'à 0,520. Cela signifie que l'indicateur de I1Y est valide.

- La corrélation entre I2Y et Y est 0,869 qui est> à la corrélation entre I2Y et X1 jusqu'à 0,427. Cela signifie que l'indicateur de I2Y est valide.

- La corrélation entre I3Y et Y est 0,470 qui est> à la corrélation entre I3Y et X3 jusqu'à 0,309. Cela signifie que l'indicateur de I3Y est valide.

Colinéarité Statistiques (VIF). cette valeur est de sortie textuelle

- Les valeurs de IVF interne (au niveau du modèle de structure): X1 → Y: 1,889; X2 → Y: 1,889. X3 → Y: 1. Les valeurs de VIF est 1,889 et 1 <10; donc il n'y a pas multicolinéarité entre X1, X3 et X3

- valeurs VIF externe (au niveau du modèle de mesure)

I1X1	1,314
I2X1	1,112
I3X1	1,633
I4X1	1,332
I1X2	1,032
I2X2	1,032
I1X3	1,144
I2X3	1,144
I1Y	2,122
I2Y	1,963
I3Y	1,132

Les valeurs de tous les indicateurs ci-dessus est inférieur à 10. Cela signifie qu'il n'y a pas multicolinéarité parmi les indicateurs

chargement externe: cette valeur est prise à partir du diagramme de trajet
Les valeurs de charge externe sont les suivantes

	X1	X2	X3	Y
I1X1	0,213			
I2X1	0,698			
I3X1	0,797			
I4X1	0,610			
I1X2		0,624		
I2X2		0,878		
I1X3			0,611	
I2X3			0,957	
I1Y				0,939
I2Y				0,869

| I3Y | | | | 0,470 |

- La charge externe à partir de X1 à I1X1 est 0,213. Cela signifie que l'effet de X1 à I1X1 est faible.

- La charge externe à partir de X1 à I2X1 est 0,698. Cela signifie que l'effet de X1 à I2X1 est forte

- La charge externe à partir de X1 à I3X1 est 0,797. Cela signifie que l'effet de X1 à I3X1 est très forte

- La charge externe à partir de X1 à I4X1 est 0,610. Cela signifie que l'effet de X1 à I4X1 est forte

- La charge externe à partir X2 à I1X2 est 0,624. Cela signifie que l'effet de X2 à I1X2 est forte

- La charge externe à partir X2 à I2X2 est 0,957. Cela signifie que l'effet de X2 à I2X2 est très forte

- Le chargement externe de X3 à I1X3 est 0,611. Cela signifie que l'effet de X3 I1X3 est forte

- Le chargement externe de X3 à I2X3 est 0,957. Cela signifie que l'effet de X3 à I2X3 est très forte

- Le chargement externe de Y à I1Y est 0,939. Cela signifie que l'effet de Y à I1Y est très forte

- Le chargement externe de Y à I2Y est 0,869. Cela signifie que l'effet de Y à I2Y est très forte

- Le chargement externe de Y à I3Y est 0,470. Cela signifie que l'effet de Y à I3Y est faible.

poids extérieur: Cette valeur est tirée de la sortie textuelle
Les valeurs de poids externes sont les suivantes

	X1	X2	X3	Y
I1X1	-0,074			
I2X1	0,547			
I3X1	0,539			
I4X1	0,336			
I1X2		0,485		
I2X2		0,794		

I1X3		0,310	
I2X3		0,847	
I1Y			0,577
I2Y			0,427
I3Y			0,186

- Le poids externe de X1 à I1X1 est -0,074. Cela signifie que l'effet de X1 à I1X1 est faible.

- Le poids externe de X1 à I2X1 est 0,547. Cela signifie que l'effet de X1 à I2X1 est moyenne forte

- Le poids externe de X1 à I3X1 est 0,539. Cela signifie que l'effet de X1 à I3X1 est moyenne forte

- Le poids externe de X1 à I4X1 est 0,336. Cela signifie que l'effet de X1 à I4X1 est faible

- Le poids extérieur de X2 à I1X2 est 0,485. Cela signifie que l'effet de X2 à I1X2 est modérée

- Le poids extérieur de X2 à I2X2 est 0,794. Cela signifie que l'effet de X2 à I2X2 est très forte
- Le poids extérieur de Y à I1Y est 0,577. Cela signifie que l'effet de Y à I1Y est modéré

- Le poids extérieur de Y à I2Y est 0,427. Cela signifie que l'effet de Y à I2Y est faible

- Le poids extérieur de Y à I3Y est 0,186. Cela signifie que l'effet de Y à I3Y est très faible.

Modèle Fit. cette valeur est tirée de la sortie textuelle
Ce qui suit est les valeurs d'ajustement de modèle

	Modèle saturé	Modèle estimé
SRMR	0,189	0,189
d_ULS	2,352	2,352
d_G1	n / a	n / a
d_G2	n / a	n / a
Chi place	Infini	Infini
NFI	n / a	n / a

Cet indice Fit se traduira par différentes du modèle ÉVALUATION comme ce que la bonté de l'indice en forme dans CB SEM. Chaque valeur va générer un résultat différent.

- **Racine résiduelle normalisée moyenne (de SRMR)**: La valeur SRMR est la colonne modèle estimé est 0,189 qui est> 0,08 Ainsi, le modèle est pas bon de ce point de vue.

- d_ULS est la distance euclidienne au carré avec la valeur de 2,352

- d_G1: na

- d_G2: na

- Chi - Square: infini.

- NFI (Indice normal Fit): na

9.2 Test d'hypothèse Utilisation de la valeur t

Les tests d'hypothèses peut être fait en utilisant les valeurs de t. Pour obtenir les valeurs de t, utilisez les setps suivants

- Calculer> Bootstrap

- A l'option de sous-échantillon: entrez 30 (la taille de l'échantillon disponible)

- démarrer le calcul

Le résultat est le suivant

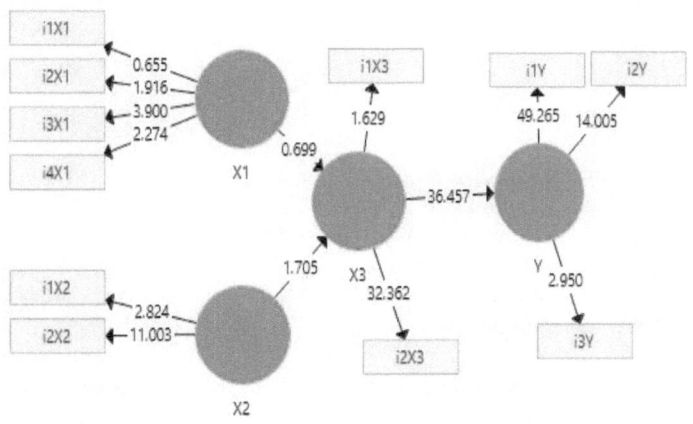

Les valeurs de t sont les suivantes:

- La valeur de t de X1 à X3 est 0,699
- La valeur de t de X2 à X3 est 1,705
- La valeur t de X3 à Y est 36,457
- La valeur de t de X1 à I1X1 est 0,655
- La valeur de t de X1 à I2X1 est 1,919
- La valeur de t de X1 à I3X1 est 3,900
- La valeur de t de X1 à I4X1 est 2,274
- La valeur t de X2 à I1X2 est 2,824
- La valeur t de X2 à I2X2 est 11,003
- La valeur de t de X3 à I1X3 est 1,629
- La valeur de t de X3 à I2X3 est 32,362
- La valeur t de Y à I1Y est 49,265
- La valeur t de Y à I2Y est 14,005
- La valeur t de Y à I3Y est 2,950

Test d'hypothèse pour le modèle structurel

Tout d'abord: Test d'hypothèse X1 à 3

Pour effectuer les tests d'hypothèses, procédez comme suit

Tout d'abord: énoncer l'hypothèse comme suit

H0: La variable latente exogène X1 avec ses indicateurs ne modifie pas la variable latente endogène X3 avec ses indicateurs

H1: La variable latente exogène X1 avec ses indicateurs affecte la variable latente endogène X3 avec ses indicateurs

Calculer la table de t (Ta)

La disposition est la suivante: utilisation de la valeur p ou a autant que 0,05 et degré de liberté (DF) de n-2. Le nombre de cas est de 100; de sorte que la valeur DF: 30-2 = 28. Le 0,05 t; 28 de la table t est 1,701. Le tableau t est aussi appelé Ta.

Utilisez les critères suivants pour tester l'hypothèse

Si à> Ta, puis rejeter H0 et accepter H1

Si à <Ta, puis accepter H0 et rejeter H1

Enfin, prendre la décision comme suit

De la sortie du à 0,699 est <1,701 Ta; ainsi accepter H0 et rejeter H1. Cela signifie que la variable X1 ne modifie pas significativement la variable X3

Seconde: Test d'hypothèse X2 à 3

Pour effectuer les tests d'hypothèses, procédez comme suit

Tout d'abord: énoncer l'hypothèse comme suit

H0: La variable latente exogène X2 avec ses indicateurs n'affecte pas la variable latente endogène X3 avec ses indicateurs

H1: La variable latente exogène X2 avec ses indicateurs affecte la variable latente endogène X3 avec ses indicateurs

Calculer la table de t (Ta)

La disposition est la suivante: utilisation de la valeur p ou a autant que 0,05 et degré de liberté (DF) de n-2. Le nombre de cas est de 100; de sorte que la valeur DF: 30-2 = 28. Le 0,05 t; 28 de la table t est 1,701. Le tableau t est aussi appelé Ta.

Utilisez les critères suivants pour tester l'hypothèse

Si à> Ta, puis rejeter H0 et accepter H1

Si à <Ta, puis accepter H0 et rejeter H1

Enfin, prendre la décision comme suit

De la sortie du à 1,705 est> 1,701 Ta; rejeter ainsi H0 et accepter H1. Cela signifie que la variable X2 affecte de manière significative la variable X3

Troisième: Test d'hypothèse de X3 à Y

Pour effectuer les tests d'hypothèses, procédez comme suit

Tout d'abord: énoncer l'hypothèse comme suit

H0: La variable latente exogène X3 avec ses indicateurs n'affecte pas la variable latente endogène Y avec ses indicateurs

H1: La variable latente exogène X3 avec ses indicateurs affecte la variable latente endogène Y avec ses indicateurs

Calculer la table de t (Ta)

La disposition est la suivante: utilisation de la valeur p ou a autant que 0,05 et degré de liberté (DF) de n-2. Le nombre de cas est de 100; de sorte que la valeur DF: 30-2 = 28. Le 0,05 t; 28 de la table t est 1,701. Le tableau t est aussi appelé Ta.

Utilisez les critères suivants pour tester l'hypothèse

Si à> Ta, puis rejeter H0 et accepter H1

Si à <Ta, puis accepter H0 et rejeter H1

Enfin, prendre la décision comme suit

De la sortie de la à 36,475 est> 1,701 Ta; rejeter ainsi H0 et accepter H1. Cela signifie que la variable X3 affecte de manière significative la variable Y

Test d'hypothèse pour le modèle de mesure
Etant donné que dans la population réelle de recherche trouve généralement que l'effet de la variable latente exogène à la variable latente endogène, en dessous du test d'hypothèses au niveau du modèle de mesure est seulement donné deux exemples. Le reste peut se faire de la même manière.

Test d'hypothèse X1 à I1X1

Pour effectuer les tests d'hypothèses, procédez comme suit

Tout d'abord: énoncer l'hypothèse comme suit

H0: La variable latente exogène X1 ne modifie pas l'indicateur de I1X1

H1: La variable latente exogène X1 affecte l'indicateur de I1X1

Calculer la table de t (Ta)

La disposition est la suivante: utilisation de la valeur p ou a autant que 0,05 et degré de liberté (DF) de n-2. Le nombre de cas est de 100; de sorte que la valeur DF: 30-2 = 28. Le 0,05 t; 28 de la table t est 1,701. Le tableau t est aussi appelé Ta.

Utilisez les critères suivants pour tester l'hypothèse

Si à> Ta, puis rejeter H0 et accepter H1

Si à <Ta, puis accepter H0 et rejeter H1

Enfin, prendre la décision comme suit

De la sortie du à 0,665 est <1,701 Ta; ainsi accepter H0 et rejeter H1. Cela signifie que la variable latente exogène X1 ne modifie pas l'indicateur de I1X1 significativement

Test d'hypothèse X1 à I2X1

Pour effectuer les tests d'hypothèses, procédez comme suit

Tout d'abord: énoncer l'hypothèse comme suit

H0: La variable latente exogène X1 ne modifie pas l'indicateur de I2X1

H1: La variable latente exogène X1 affecte l'indicateur de I2X1

Calculer la table de t (Ta)

La disposition est la suivante: utilisation de la valeur p ou a autant que 0,05 et degré de liberté (DF) de n-2. Le nombre de cas est de 100; de sorte que la valeur DF: 30-2 = 28. Le 0,05 t; 28 de la table t est 1,701. Le tableau t est aussi appelé Ta.

Utilisez les critères suivants pour tester l'hypothèse

Si à> Ta, puis rejeter H0 et accepter H1

Si à <Ta, puis accepter H0 et rejeter H1

Enfin, prendre la décision comme suit

De la sortie du à 1,916 est> 1,701 Ta; rejeter ainsi H0 et accepter H1. Cela signifie que la variable latente exogène X1 affecte l'indicateur de I2X1 significativement

9.3 Un modèle de deux Variables et exogènes Latent une variable Endogène Latent avec ses indicateurs Endogène formatives

Pour un modèle de formation, procédez comme suit

- Activez le PLS SEM

- Activez le fichier modèle1> Enregistrer sous « formative_model1 »

- Placez le curseur sur la variable latente exogène X1> cliquez droit de la souris> **Alterner entre Formative / réfléchissant**

- Faites la même étape avec le X2, X3 et variable latente Y

Le résultat est le suivant

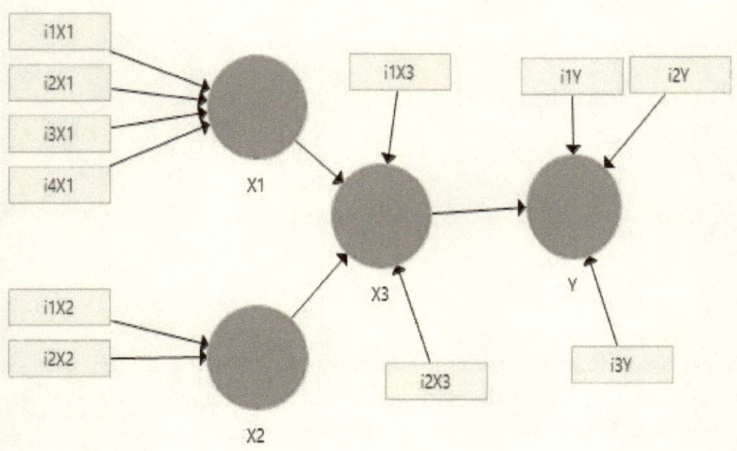

Pour effectuer le calcul, procédez comme suit

- Sélectionnez Calculer> PLS algorithme> démarrer le calcul

Le résultat et l'interprétation sont les suivantes

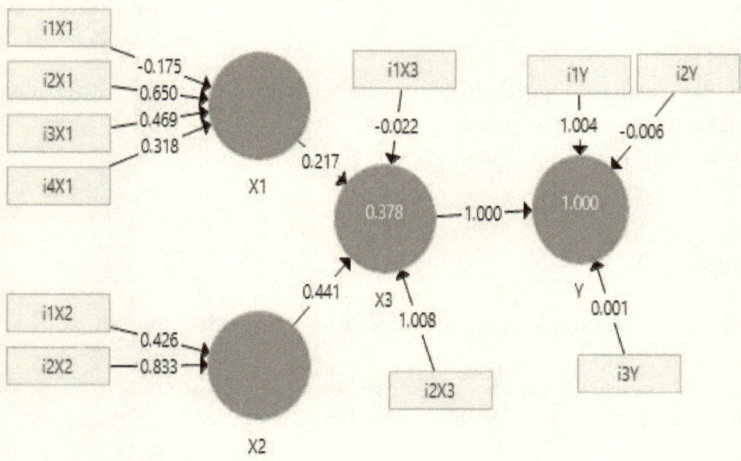

La façon d'interpréter le modèle de formation est le même avec le précédent que l'on trouve dans le chapitre 8.

9.4 Exercices

Dans cet exercice, nous allons calculer l'effet de deux variables latentes exogènes de X1 et X2 avec deux indicateurs respectivement sur une variable latente endogène de Y2 avec ses deux indicateurs par la variable intermédiaire de Y1. Le modèle est le suivant

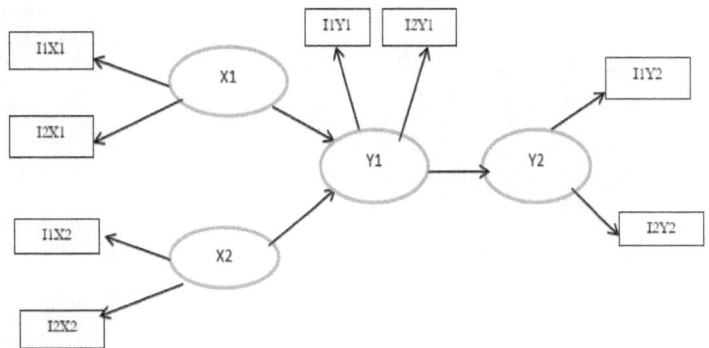

Les données sont les suivantes

Non	I1X1	I2X1	X1	I1X2	I2X2	X2	I1Y	I2Y	Y	I1Y	I2Y	Y
1	8	7	9	10	9	10	8	9	8	8	7	9
2	5	5	5	5	5	5	5	5	5	5	5	5
3	4	4	4	4	4	4	4	4	4	4	4	4
4	6	5	4	5	7	5	8	5	8	9	5	8
5	4	4	4	4	4	4	4	4	4	4	4	4
6	5	5	5	5	5	5	5	5	5	5	5	5
7	4	4	4	4	4	4	4	4	4	4	4	4
8	7	8	9	8	7	9	10	9	8	8	9	9
9	4	4	4	4	4	4	4	4	4	4	4	4
10	4	9	4	8	4	8	4	6	7	4	8	4
11	5	5	5	5	5	5	5	5	5	5	5	5
12	5	5	5	5	5	5	5	5	5	5	5	5
13	5	5	5	5	5	5	5	5	5	5	5	5
14	8	6	7	9	8	7	8	9	7	9	8	9
15	5	7	5	5	4	5	9	5	4	4	7	8
16	6	6	7	8	7	8	8	9	8	9	8	9
17	5	8	9	8	9	8	7	9	8	9	7	9
18	7	4	4	4	4	4	4	4	4	4	4	4
19	5	5	5	5	5	5	5	5	5	5	5	5
20	5	4	5	4	5	4	5	4	5	5	4	5
21	5	5	5	5	5	5	5	5	5	5	5	5
22	5	6	6	4	6	7	5	8	5	7	8	9
23	5	5	5	5	5	5	5	5	5	5	5	5
24	8	7	8	9	7	9	8	9	8	7	8	9
25	5	5	5	5	5	5	5	5	5	5	5	5

26	5	5	5	5	5	5	5	5	5	5	5	5
27	5	5	5	5	5	5	5	5	5	5	5	5
28	7	8	9	6	8	7	8	9	8	7	8	9
29	5	5	5	5	5	5	5	5	5	5	5	5
30	5	6	5	7	8	9	7	9	7	8	9	9

CHAPITRE 10
APPLICATION DE PLS SEM 3

10.1 Un exogène - endogène - modèle de modération

Dans cet exemple, nous apprendrons la relation entre les deux variables latentes exogènes de X1 et X2 avec une variable endogène latente de Y, une variable intermédiaire de X3 et une variable de modérateur de X4 utilisé comme la modération entre X1, X3 et les variables Y. Ainsi, les problèmes sont les suivants:
- Faites le X1, modéré par la variable X4 et X2 variables affectent la variable X3?
- Faites le X1, modéré par la variable X4 et X2 variables affectent la variable Y par la variable X3?

Modélisation par équation structurelle: Théorie et application

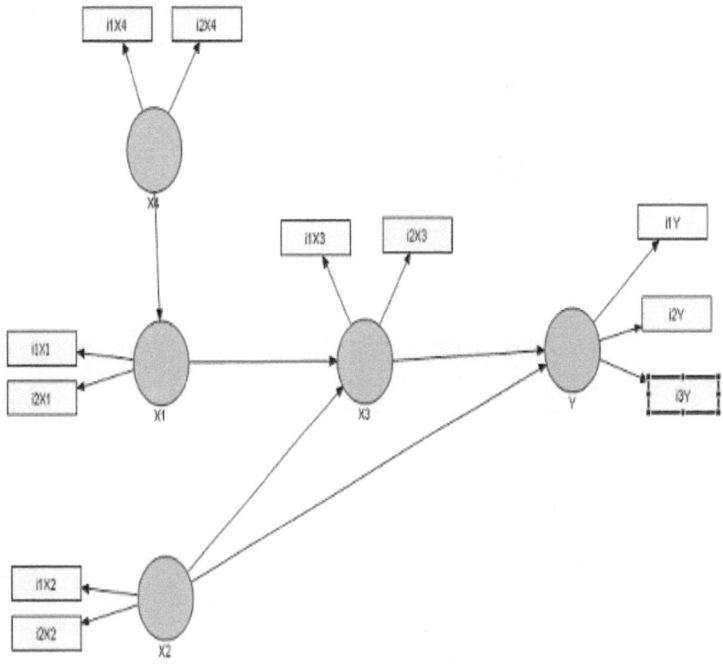

où

- X1: la première variable latente exogène
- I1X1: le premier indicateur de X1
- I2X1: le deuxième indicateur de X1
- X2: la seconde variable latente exogène
-] I1X2: le premier indicateur de X2
- I2X2: le deuxième indicateur de X2
- X3: la variable latente endogène intervenant
- I1X3: le premier indicateur de X3
- I2X3: le deuxième indicateur de X3
- X4: la variable latente modérateur
- I1X3: le premier indicateur de X3
- I2X3: le deuxième indicateur de X3
- Y: la variable latente endogène
- I1Y: le premier indicateur de Y
- I2Y: le deuxième indicateur de Y

- I3Y: le deuxième indicateur de Y

Deuxièmement: les données d'entrée dans Excel

Les données doivent être enregistrées dans le type CSV comme suit: Enregistrer sous> Nom du fichier: data3.csv et Enregistrer sous type CSV (Comma Delimited) puis appuyez sur Enregistrer. Les données peuvent être téléchargées dans l'adresse web de l'auteur écrit dans la reconnaissance.

Troisièmement: tracer le diagramme de chemin

Dessiner le diagramme de chemin en suivant les étapes suivantes:

- activer SmartPLS
- Sélectionnez Fichier> Nouveau> Créer un nouveau projet pour afficher la boîte de dialogue Créer un projet de
- Tapez le nom du projet comme « Model3 » au Nom du projet> Suivant
- Double-cliquez pour importer des données dans le fichier de l'explorateur de projet dan cari de data3.csv> Ouvrir> OK
- Cliquer model1 pour commencer à dessiner le schéma de trajet: dessiner 5 variables latentes de X1, X2, X3 et X4, ainsi que Y en utilisant l'option de variable latente dans le menu. Pour renommer l'image par défaut, placez le curseur sur l'image ovale rouge puis cliquez droit de la souris, sélectionnez renommage. Nom de la première variable latente X1. Faites la même chose avec le X2, X2, X3 et X4 ainsi que variable latente Y. Connectez les trois variables en utilisant la flèche. Ensuite, faites glisser tous les indicateurs à la variable latente respective de la boîte à gauche dans la zone de dessin.

    Le résultat comme suit

Modélisation par équation structurelle: Théorie et application

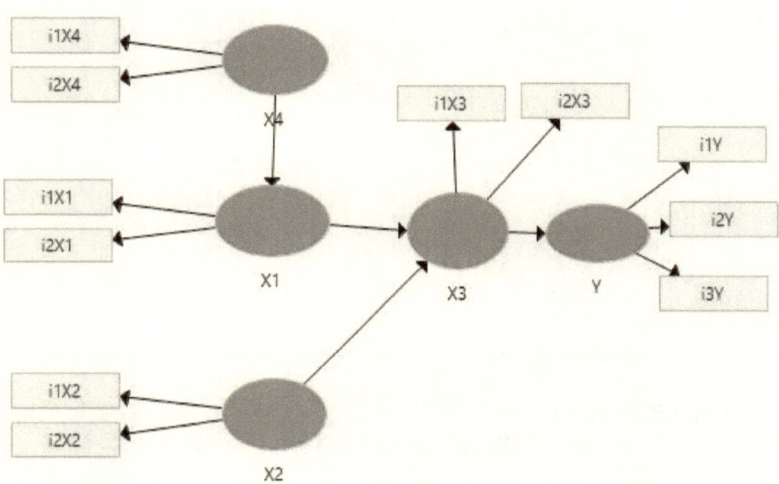

Quatrième: calcul de la conduite

Pour calculer ces données, procédez comme suit:

- Sélectionnez « Calculer »> choisissez PLS algorithme> démarrer le calcul

Le résultat et l'interprétation sont les suivantes:

La figure ci-dessous le schéma de trajet avec les valeurs estimées des paramètres pour résultat du calcul.

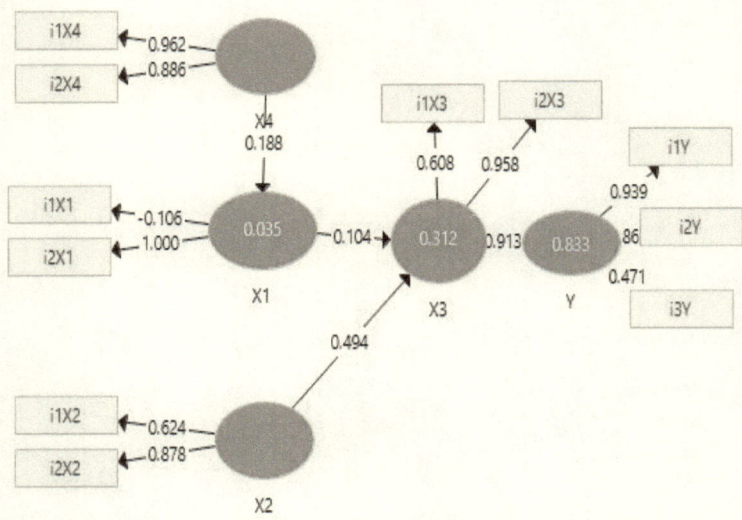

Les valeurs estimées des paramètres seront discutés un par un comme suit.

La valeur de R au carré (R2)
La valeur de R au carré (R2) à partir de X1 X4 et modéré par X2 à X3

- La valeur du carré R est 0,312. Cela signifie que la variabilité de la variable X3 et son indicateur peut être expliqué par le X1 comme modéré par la variable X4 et X2 avec leurs indicateurs autant que 0,312, tandis que le reste, autant que 0,688 doit être expliquée par d'autres facteurs en dehors de ce modèle . En d'autres termes, nous pouvons dire que la variable X1 comme modéré par la variable X4 avec leurs indicateurs affectent la variable X3 et son indicateur autant que 0,312. Le carré R est ajusté 0,261.

La valeur de R au carré (R2) à partir de X1 X4 et modéré par X2 X3 à Y par
- La valeur du carré R est 0,833. Cela signifie que la variabilité de la variable Y et son indicateur peut être expliqué par le X1 modéré par X4, X2 et X3 avec leurs indicateurs autant que 0,833, tandis que le reste, autant que 0,167 doit être expliquée par d'autres facteurs en dehors de ce modèle. En d'autres termes, nous pouvons dire que le X1 modéré par X4, les variables X2 et X3 avec leurs indicateurs affectent la variable Y et son indicateur autant que 0,833. Le carré R est ajusté 0,828.

Modélisation par équation structurelle: Théorie et application

La valeur du coefficient de trajet
La valeur od le coefficient de trajet utilise le coefficient de régression normalisés (bêta). Cette valeur est comprise entre 0 - 1. Le plus proche de la valeur 1, plus l'effet est.

- X1 X3 → comme modéré par X4: 0,104. Le coefficient de trajet du X1 à X3 est 0,104. Cette valeur est égale à la valeur du coefficient de régression standardisé en régression linéaire. L'interprétation est la suivante: le 0,104 est le changement de la valeur de la variable X3 lorsque la variable X1 et ses indicateurs subissent un changement d'unité. Lorsque la valeur est positive; alors le changement est une augmentation. Lorsque la valeur est négative; alors le changement est une diminution. Dans ce contexte, 0,104 est l'augmentation de la valeur X3 lorsque X1 et ses indicateurs subissent un changement d'unité comme modéré par X4

- X2 → X3: 0,494. Le coefficient de trajet du X2 à X3 est 0,494. Cela signifie que le changement de la valeur de la variable X3 lorsque la variable X2 et ses indicateurs subissent un changement d'unité. Dans ce contexte, 0,494 est l'augmentation de la valeur X3 lorsque le X2 et ses indicateurs subissent un changement d'unité.

- X3 → Y: 0,913. Le coefficient de trajet du X3 à Y est 0,913. Cela signifie que le changement de la valeur de la variable Y lorsque la variable X3 et ses indicateurs subissent un changement d'unité. Dans ce contexte, 0,913 est l'augmentation de la valeur Y lorsque le X3 et ses indicateurs subissent un changement d'unité

- X1 comme modéré par X4 → Y par X3: 0,095 (cette valeur est tirée du rapport textuel). La 0,095 est l'augmentation de la valeur Y lorsque le X1 comme modéré par X4 X3 trhough et ses indicateurs subissent un changement d'unité.

- X2 → Y par X3: 0,451 (cette valeur est tirée du rapport textuel). La 0,451 est l'augmentation de la valeur Y lorsque le X3 X2 trhough et ses indicateurs font l'objet d'un changement d'unité.

La valeur du carré de f (f2): Cette valeur est de sortie textuelle
- X1 modéré par X4 → X3: 0,011. Le carré de f est la valeur qui est utilisée pour mesurer la force de l'effet d'une variable latente exogène sur une variable latente endogène sans leurs indicateurs (au niveau du modèle structurel). Ainsi, la valeur 0,011 signifie que l'effet de X1 à Y. Cette valeur tombe en effet faible

- X2 → X3: 0,246. La valeur 0,246 signifie l'effet de X2 à X3. Cette valeur tombe en effet modéré

- X3 → Y: 5,006. La valeur 5,006 signifie que l'effet de X3 à Y. Cette valeur tombe en effet fort

Construire Fiabilité et validité : Cette valeur est de sortie textuelle
- Alpha Cronbach: X1 est 0 à 0,021; X2 est 0,298; X3: 0,524; X4: 0,840 et Y: 0,681. la valeur Alpha de Cronbach est utilisé pour évaluer la fiabilité de la variable latente (au niveau du modèle structurel). La limite inférieure de la fiabilité idéale est de 0,6. La valeur de X1 Cronbach Alpha est -0,021. Cela signifie que la variable X1 est pas fiable. Bien que la valeur X2 jusqu'à 0,298 (0,3) est inférieure à 0,6. Ainsi, le X2 n'est pas fiable. La valeur X3 est 0,524 <0,6. Ainsi, la variable X3 n'est pas fiable. La valeur de X4 Cronbach Alpha est 0,840. Cela signifie que la variable X4 est fiable. La valeur Alpha Y Cronbach est 0,681. Cela signifie que la variable Y est fiable.

- Fiabilité Composite:: X1 est 0,447; X2 est 0,729; X3 est 0,775; X4 est 0,921 et Y est 0,619. La fonction de fiabilité composite est la même chose avec la valeur Alpha de Cronbach. La limite inférieure de la fiabilité idéale est de 0,6. Cela signifie que toutes les variables latentes sont fiables, sauf le X1 n'est pas fiable puisque la valeur est inférieure à 0,6.

- AVE: X1 est 0,505; X2 est 0,581; X3 est 0,644; X4 est 0,854 et Y est de 0,6 19. La valeur AVE est utilisée pour évaluer la validité de la convergence avec la disposition prévoyant que la variable latente peut expliquer plus de la moitié de la variance de ses indicateurs. La valeur minimale est de 0,5 Cela signifie que toutes les variables sont valides puisque les valeurs sont plus de 0,5 ..

Validité discriminante. cette valeur est de sortie textuelle
- Fornell - Larcker: X1 est 0,711; X2 est 0,762; X3 est 0,802; X4 est 0,924; Y est 0,787. Le X1 Fornell - valeur Larcker est 0,711 qui est supérieure à 0,5. Il signifie que la variable latente X1 a une grande validité discriminante en relation avec ses indicateurs réfléchissants. Le X2 Fornell - valeur Larcker est 0,762 qui est supérieure à 0,5. Cela signifie que la variable latente X2 a une grande validité discriminante en relation avec ses indicateurs réfléchissants. Le X3 Fornell - valeur Larcker est 0,802 qui est supérieure à 0,5. Cela signifie que la variable latente X3 a une grande validité discriminante en relation avec ses indicateurs réfléchissants. Le X4 Fornell - valeur Larcker est 0,924 qui est supérieure à 0,5. Cela signifie que la variable latente X2 a une grande validité discriminante en relation avec ses indicateurs réfléchissants. Le Y Fornell - valeur Larcker est 0,924 qui est supérieure à 0,5. Cela signifie que la variable latente Y a une grande validité discriminante en relation avec ses indicateurs réfléchissants

Modélisation par équation structurelle: Théorie et application

- La façon d'évaluer la validité discriminante en utilisant AVE est la même chose avec le chapitre précédent.

Chargements Cross. cette valeur est de sortie textuelle

La valeur des charges transversales est utilisé pour évaluer la validité discriminante au niveau du modèle de mesure avec la disposition suivante: la corrélation entre l'indicateur et la variable latente doit être plus élevé (dans le même bloc) avec la corrélation entre cet indicateur avec d'autres variables latentes (en dehors du bloc)

	X1	X2	X3	X4	Y
I1X1	-0,106	0,021	-0,050	0,087	0,118
I2X1	1	0,554	0,377	0,190	0,377
I1X2	0,276	0,624	0,309	0,263	0,471
I2X2	0,528	0,878	0,506	0,263	0,470
I1X3	0,075	0,158	0,608	0,439	0,378
I2X3	0,417	0,593	0,958	0,527	0,930
I1X4	0,207	0,327	0,529	0,962	0,532
I2X4	0,122	0,291	0,568	0,886	0,523
I1Y	0,417	0,539	0,958	0,527	0,939
I2Y	0,193	0,336	0,709	0,594	0,869
I3Y	0,267	0,624	0,309	0,263	0,471

Discriminante validité des indicateurs de X1

- La corrélation entre I1X1 et X1 est -0,106 qui est <0,021 de la corrélation entre I1X1 et X2 autant que -0,106. Cela signifie que le I1X1indicator est pas valide.
- La corrélation entre I2X1 et X1 est égal à 1, qui est> à la corrélation entre I2X1 et X2 jusqu'à 0,554. Cela signifie que l'indicateur de I2X1 est valide.

Discriminante validité des indicateurs de X2

- La corrélation entre I1X2 et X2 est 0,276 qui est <à la corrélation entre I1X2 et X4 jusqu'à 0,264. Cela signifie que l'indicateur de I1X2 est valide.

- La corrélation entre I2X2 et X2 est 0,878 qui est> à la corrélation entre I2X2 et X3 jusqu'à 0,506. Cela signifie que l'indicateur de I2X2 est valide

Discriminante validité des indicateurs de X3

- La corrélation entre I1X3 et X3 est 0,608 qui est> à la corrélation entre I1X3 et X4 jusqu'à 0,439. Cela signifie que l'indicateur de I1X3 est valide.

- La corrélation entre I2X3 et X3 est 0,958 qui est> à la corrélation entre I2X3 et X4 jusqu'à 0,527. Cela signifie que l'indicateur de I2X3 est valide

Discriminante validité des indicateurs de X4

- La corrélation entre I1X4 et Y est 0,962 qui est> à la corrélation entre I1X4 et Y jusqu'à 0,532. Cela signifie que l'indicateur de I1X4 est valide.

- La corrélation entre I2X4 et Y est 0,886 qui est> à la corrélation entre I2X4 et Y jusqu'à 0,523 Cela signifie que l'indicateur de I2X4 est valide.

Discriminante validité des indicateurs de Y

- La corrélation entre I1Y et Y est 0,939 qui est> à la corrélation entre I1Y et X1 jusqu'à 0,417. Cela signifie que l'indicateur de I1Y est valide

- La corrélation entre I2Y et Y est 0,869 qui est> à la corrélation entre I2Y et autant que X1 0,193. Cela signifie que l'indicateur de I2Y est valide

- La corrélation entre I3Y et Y est 0,471 qui est> à la corrélation entre I3Y et X1 jusqu'à 0,267. Cela signifie que l'indicateur de I3Y est valide.

Colinéarité Statistiques (VIF). cette valeur est de sortie textuelle
La valeur de VIF est utilisée pour vérifier la présence de colinéarité entre les variables indépendantes (variables latentes exogènes) avec la disposition suivante: colinéarité se produit lorsque la valeur de VIF est> 10.

- Les valeurs de IVF interne (au niveau du modèle de structure): X1 → X3: 1,441; X2 → 1,441: 1,889. X4 → X1: 1 Les valeurs de VIF de toutes les variables latentes sont inférieures à 10; donc il n'y a pas multicolinéarité parmi les variables exogènes.

• valeurs VIF externe (au niveau du modèle de mesure)

I1X1	1,008
I2X1	1,008
I1X2	1,032
I2X2	1,032
I1X3	1,144
I2X3	1,144
I1X4	2.101
I2X4	2.101
I1Y	2,122
I2Y	1,963
I3Y	1,132

Les valeurs de tous les indicateurs ci-dessus est inférieur à 10. Cela signifie qu'il n'y a pas multicolinéarité parmi les indicateurs

chargement externe: cette valeur est prise à partir du diagramme de trajet
La valeur de chargement externe est utilisé pour mesurer l'effet des variables latentes à leurs indicateurs respectifs. La valeur est comprise entre 0 - 1. Le plus proche de la valeur 1, plus l'effet est.

	X1	X2	X3	X4	Y
I1X1	-0,106				
I2X1	1				
I1X2		0,624			
I2X2		0,878			
I1X3			0,608		
I2X3			0,913		
I1X4				0,962	
I2X4				0,886	
I1Y					0,939
I2Y					0,869
I3Y					0,471

- La charge externe à partir de X1 à I1X1 est -0,106. Cela signifie que l'effet de X1 à I1X1 est très faible.

- La charge externe à partir de X1 à I2X1 est égal à 1. Cela signifie que l'effet de X1 à I2X1 est très forte

- La charge externe à partir X2 à I1X2 est 0,624. Cela signifie que l'effet de X2 à I1X2 est forte

- La charge externe à partir X2 à I2X2 est 0,878. Cela signifie que l'effet de X2 à I2X2 est forte
- Le chargement externe de X3 à I1X3 est 0,608. Cela signifie que l'effet de X3 I1X3 est forte
- Le chargement externe de X3 à I2X3 est 0,958. Cela signifie que l'effet de X3 à I2X3 est très forte
- Le chargement extérieur à partir de X4 à I1X4 est 0,962. Cela signifie que l'effet de X4 à I1X4 est très forte
- Le chargement extérieur à partir de X4 à I2X4 est 0,886. Cela signifie que l'effet de X4 à I2X4 est forte
- Le chargement externe de Y à I1Y est 0,939. Cela signifie que l'effet de Y à I1Y est très forte
- Le chargement externe de Y à I2Y est 0,869. Cela signifie que l'effet de Y à I2Y est forte
- Le chargement externe de Y à I3Y est 0,471. Cela signifie que l'effet de Y à I3Y est faible

poids extérieur: Cette valeur est tirée de la sortie textuelle
La valeur de poids est une valeur externe supplémentaire de la PLS SEM montre que le poids de la relation entre la variable latente et de ses indicateurs. La valeur est comprise entre 0 - 1. Le plus proche de la valeur 1, plus l'effet est. L'interprétation est la même chose avec le chapitre précédent.

Modèle Fit. cette valeur est tirée de la sortie textuelle
Ces valeurs d'ajustement du modèle sont utilisées pour évaluer la qualité de l'ajustement du modèle. UNE modèle correspond bien si la différence entre la matrice de corrélation implicite par le modèle et la matrice de corrélation empirique est très faible qu'il peut être simplement attribuée à une erreur d'échantillonnage non à d'autres facteurs. Néanmoins, la différence entre la matrice de corrélation impliquée par le modèle et la matrice de corrélation empirique doit être non significative, à savoir la valeur de p doit être supérieur à 0,05. Dans le cas contraire, si l'écart est significatif lorsque la valeur p est inférieure à 0,05, donc l'ajustement du modèle est pas bon. Voir la discussion dans le chapitre précédent.

10.2 Test d'hypothèse Utilisation de la valeur t

Les tests d'hypothèses peut être fait en utilisant les valeurs de t. Pour obtenir les valeurs de t, utilisez les setps suivants

- Calculer> Bootstrap

- A l'option de sous-échantillon: entrez 30 (la taille de l'échantillon disponible)

- démarrer le calcul

Le résultat est le suivant

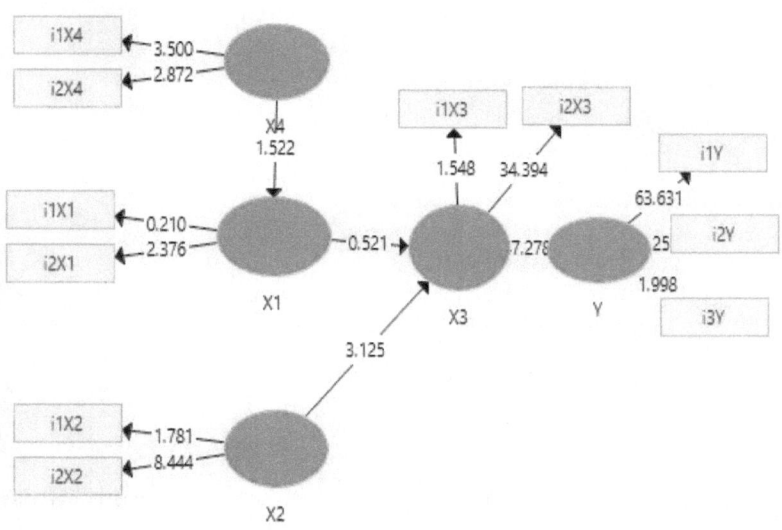

Les valeurs de t sont les suivantes:

- La valeur de t de X1 à X3 est 0,521

- La valeur de t de X2 à X3 est 3,125

- La valeur t de X3 à Y est 7,278

- La valeur de t de X4 à X1 est 1,522

- La valeur de t de X1 à I1X1 est 0,210

- La valeur de t de X1 à I2X1 est 2,376

- La valeur t de X2 à I1X2 est 1,781

- La valeur t de X2 à I2X2 est 8,444

- La valeur t de X2 à I1X2 est 1,872

- La valeur de t de X3 à I1X3 est 1,548

- La valeur de t de X3 à I2X3 est 34,394

- La valeur t de Y à I1Y est 63,631

- La valeur t de Y à I2Y est 25.

- La valeur t de Y à I3Y est 1,998

Test d'hypothèse pour le modèle structurel

Tout d'abord: Test X1 à Y Hypothesis

Pour effectuer les tests d'hypothèses, procédez comme suit

Tout d'abord: énoncer l'hypothèse comme suit

H0: Le X1, modéré par la variable X4 et les variables X2 n'affectent pas la variable X3

H1: Le X1, modéré par la variable X4 et X2 les variables affectent la variable X3

Calculer la table de t (Ta)

La disposition est la suivante: utilisation de la valeur p ou a autant que 0,05 et degré de liberté (DF) de n-2. Le nombre de cas est de 100; de sorte que la valeur DF: 30-2 = 28. Le 0,05 t; 28 de la table t est 1,701. Le tableau t est aussi appelé Ta.

Utilisez les critères suivants pour tester l'hypothèse

Si à> Ta, puis rejeter H0 et accepter H1

Si à <Ta, puis accepter H0 et rejeter H1

Enfin, prendre la décision comme suit

De la sortie du à 0,521 est <1,701 Ta; ainsi accepter H0 et rejeter H1. Cela signifie que le X1, modéré par la variable X4 et X2 variables n'affectent pas de manière significative la variable X3

Seconde: Test d'hypothèse X2 à Y

Pour effectuer les tests d'hypothèses, procédez comme suit

Tout d'abord: énoncer l'hypothèse comme suit

H0: Le X1, modéré par la variable X4 et les variables X2 n'affectent pas la variable Y par la variable X3

H1: X1, modéré par la variable X4, X2 et les variables influent sur la variable Y par la variable X3

Calculer la table de t (Ta)

La disposition est la suivante: utilisation de la valeur p ou a autant que 0,05 et degré de liberté (DF) de n-2. Le nombre de cas est de 100; de sorte que la valeur DF: 30-2 = 28. Le 0,05 t; 28 de la table t est 1,701. Le tableau t est aussi appelé Ta.

Utilisez les critères suivants pour tester l'hypothèse

Si à> Ta, puis rejeter H0 et accepter H1

Si à <Ta, puis accepter H0 et rejeter H1

Enfin, prendre la décision comme suit

De la sortie du à 7,278 est> 1,701 Ta; rejeter ainsi H0 et accepter H1. Cela signifie que le X1, animé par la variable X4, et les variables X2 affecte la variable Y par la variable X3 significativement

Test d'hypothèse pour le modèle de mesure
Etant donné que dans la population réelle de recherche trouve généralement que l'effet de la variable latente exogène à la variable latente endogène, en dessous du test d'hypothèses au niveau du modèle de mesure est seulement donné un exemple. Le reste peut se faire de la même manière.

Test d'hypothèse X1 à I1X1

Pour effectuer les tests d'hypothèses, procédez comme suit

Tout d'abord: énoncer l'hypothèse comme suit

H0: La variable latente exogène X1 ne modifie pas l'indicateur de I1X1

H1: La variable latente exogène X1 affecte l'indicateur de I1X1

Calculer la table de t (Ta)

La disposition est la suivante: utilisation de la valeur p ou a autant que 0,05 et degré de liberté (DF) de n-2. Le nombre de cas est de 100; de sorte que la valeur DF: 30-2 = 28. Le 0,05 t; 28 de la table t est 1,701. Le tableau t est aussi appelé Ta.

Utilisez les critères suivants pour tester l'hypothèse

Si à> Ta, puis rejeter H0 et accepter H1

Si à <Ta, puis accepter H0 et rejeter H1

Enfin, prendre la décision comme suit

De la sortie du à 0,210 est <1,701 Ta; ainsi accepter H0 et rejeter H1. Cela signifie que la variable latente exogène X1 ne modifie pas l'indicateur de I1X1 significativement

Le reste des indicateurs peut se faire de la même manière.

10.3 Un modèle de deux

Variables et exogènes Latent une variable Endogène Latent avec ses indicateurs Endogène formatives
Pour un modèle de formation, procédez comme suit

- Activez le PLS SEM

- Activez le fichier modèle1> Enregistrer sous « formative_model1

- Placez le curseur sur la variable latente exogène X1> cliquez droit de la souris> **Alterner entre Formative / réfléchissant**

- Faites la même étape avec la variable latente X2 et Y

Le résultat est le suivant

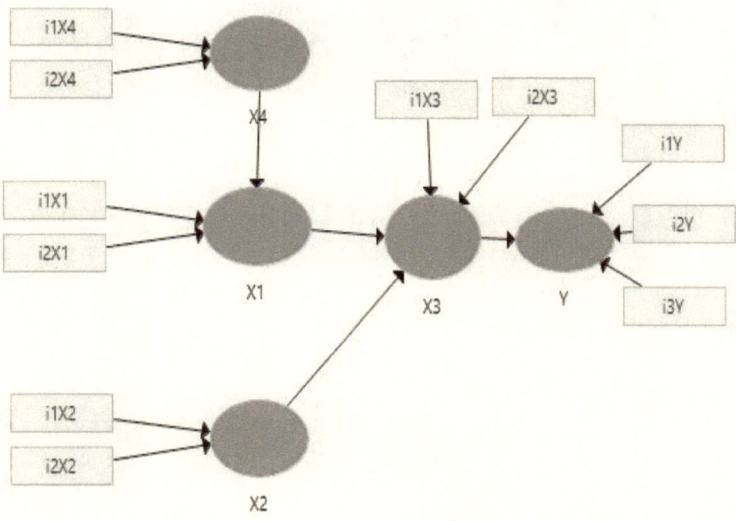

Pour effectuer le calcul, procédez comme suit

- Sélectionnez Calculer> PLS algorithme> démarrer le calcul

Le résultat et l'interprétation sont les suivantes

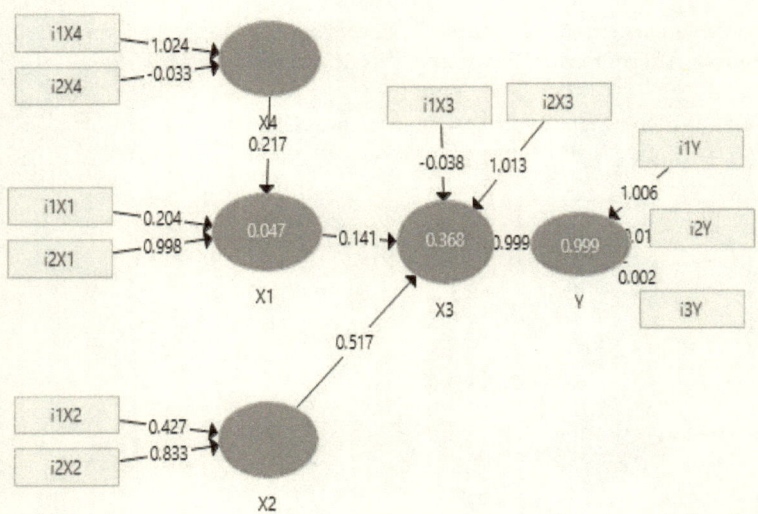

Voir le discucssion au chapitre 8.

10.4 Exercices

Dans cet exercice, nous allons calculer l'effet de deux variables latentes exogènes de X1, modéré par X4 et X2 avec deux indicateurs respectivement sur une variable latente endogène de Y avec ses trois indicateurs par X3 comme une variable intermédiaire. Le modèle est le suivant

Modélisation par équation structurelle: Théorie et application

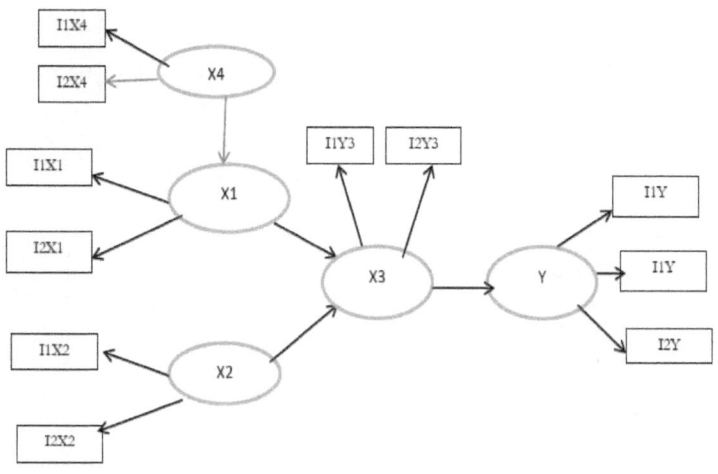

Les données sont les suivantes

i1x1	i2x1	x1	i1x2	i2x2	x2	i1x3	i2x3	x3	i1x4	i2x4	x4	i1y	i2y	i3y	y
8	7	9	8	9	7	8	9	7	8	9	8	8	7	8	9
5	5	5	5	5	5	5	5	5	5	5	5	5	5	5	5
4	4	4	4	4	4	4	7	7	4	4	4	4	4	7	4
6	5	4	5	7	5	5	5	5	8	5	8	9	5	5	8
4	4	4	4	4	4	4	4	6	4	4	4	4	4	7	4
5	5	5	5	5	5	5	5	5	5	5	5	5	5	5	5
4	4	4	4	4	4	4	4	4	4	4	4	4	4	4	4
7	8	9	8	7	9	9	9	9	8	9	8	8	9	9	9
4	4	4	4	4	4	5	4	4	4	4	4	4	4	4	4
4	9	4	8	4	8	8	8	8	4	6	7	4	8	8	4
5	5	5	5	5	5	5	5	7	5	5	5	5	5	5	5
5	5	5	5	5	5	5	5	5	5	5	5	5	5	6	5
5	5	5	5	5	5	5	5	5	5	5	5	5	5	5	5
8	6	7	9	8	7	7	7	7	8	9	7	9	8	7	9
5	7	5	5	4	5	5	6	6	9	5	4	4	7	6	8
6	6	7	8	7	8	8	8	8	8	9	8	9	8	8	9
5	8	9	8	9	8	8	8	8	7	9	8	9	7	8	9
7	4	4	4	4	4	4	5	5	4	4	4	4	4	5	4
5	5	5	5	5	5	5	5	5	5	5	5	5	5	5	5
5	4	5	4	5	4	4	4	6	5	4	5	5	4	7	5
5	5	5	5	5	5	5	5	5	5	5	5	5	5	5	5
5	6	6	4	6	7	7	7	5	8	5	7	8	7	9	
5	5	5	5	5	5	5	5	5	5	5	5	5	5	5	
8	7	8	9	7	9	9	9	9	8	9	8	7	8	9	9
5	5	5	5	5	5	5	5	5	5	5	5	5	5	5	5
5	5	5	5	5	5	5	5	5	5	5	5	5	5	8	5

5	5	5	5	5	5	5	5	5	5	5	5	5	5	5
7	8	9	6	8	7	7	7	7	8	9	8	7	8	7
5	5	5	5	5	5	8	6	6	5	5	5	5	5	6
5	6	5	7	8	9	7	9	8	7	9	7	8	9	8

5
9
5
9

CHAPITRE 11
LES DIFFÉRENCES ET DE SIMILITUDES CB SEM ET PLS SEM

Voici quelques différences et similitudes entre les CB SEM et thePLS SEM.

Éléments	CB SEM	PLS SEM
Buts	Il est utilisé pour tester la théorie disponible (confirmation)	Il est utilisé pour prédire la valeur de la variable depedent et il peut être utilisé pour développer une nouvelle théorie
reprise, à partir	Il suit l'hypothèse de normalité	Il ne suit pas l'hypothèse de normalité
Répartition des données	Les données doivent être normalement distribués	Les données ne doivent pas être normalement distribué
Taille de l'échantillon	Grande taille de l'échantillon est nécessaire. Idéalement, il est plus de 400	La petite taille de l'échantillon est permis. Il peut être ≥ 30
Technique d'échantillonnage	L'utilisation approche probabiliste	Il est autorisé à utiliser la non - approche probabiliste
Échelle de mesure	L'échelle de mesure doit être intervalle ou rapport	The measurement scale can be interval or ratio but it is allowed ordinal and nominal scales as well
Indicator measurement model	Only reflective	Reflective as well as formative
Variable relationship models	recursive (one way direction) and non-recursive (reciprocal)	Only recursive
Path coefficients	Unstandardized regression coefficients (β)	Standardized regression coefficients (beta)
Goodness of fit indices	It uses an absolute index, such as Chi Square, RMSEA and RMR as well as the additional index, such as ECVI, AIC, NFI and so forth	It us uses Cronnbach's Alpha, AVE (Average Variance Extracted), composite reliability, cross loadings. Lately it is added by Chi Square, NFI, D_ULS and Rho_A

References

Byrne, B. M.(2001). Structural Equation Modeling With LISREL, Basic Concepts, Applications, and Programming. New Jersey: Lawrence Erlbaum Associates Publishers.

Byrne, B. M.(2001). Structural Equation Modeling With AMOS, Basic Concepts, Applications, and Programming. New Jersey: Lawrence Erlbaum Associates Publishers.

Cramer, D. & Howitt, D. (2006). The Sage Dictionary of Statistics. Thousand Oaks, California. Sage Publications Inc.

Denis, Daniel J. and Joanna Legerski. (2006). Causal Modeling and the Origins of Path Analysis. University of Montana

Ferdinand, A. (2000). Structural Equation Modeling Dalam Penelitian Manajemen. Aplikasi Model-Model Rumit dalam Penelitian untuk Tesis S2 dan Disertasi S3. Semarang: Badan Penerbit Universitas Diponegoro.

Fox, J. (2002). Modèle d'équation structurelle. Un appendice de R et S-PLUS Companion pour Applied Regression

Garson, DG (2006). Modèle d'équation structurelle. World Wide Web: http://hcl.chass.ncsu.edu/ssl/ssl.htm

Ghozali, A. (2001). *Tinjauan Metodologi*: Modélisation par équation structurelle dan Penerapannya Dalam Pendidikan. World Wide Web: http://www.depdiknas.go.id

Cheveux, Joseph F. et al. (2010). Analyse multivariée des données: une perspective globale. New Jersey: Pearson Prentice Hall

Cheveux, JF Ringle, CM & Sarstedt, M. (2011) PLS-SEM: en effet une balle d'argent. Journal de la théorie et la pratique du marketing, vol. 19, no. 2 (printemps 2011), pp. 139-151. © 2011 ME Sharpe, en

Henseler, J. Ringle, C.M. & Sinkovicks, R.R.(2009). The use of partial least square modeling in international marketing. New Challenges to International Marketing Advances in International Marketing, Volume 20, 277-319.

Kline, R.B. (2001). Principles and Practice of Structural Equation Modeling. New York: The Guilford Press

Lynd D. B (2015) Using Amos for structural equation modeling in market research Lynd Bacon & Associates, Ltd. and SPSS Inc.

Moutinho, L & Hutcheson, G. (2011)The Sage Dictionary of Quantitative Management Research. Thousand Oaks, California. Sage Publications Inc.

Narimawati, U & Sarwono,J.(2007). Structural Equation Model (SEM) Dalam Riset Ekonomi: Menggunakan LISREL. Yogyakarta: Penerbit Gava Media

Monecke, A. & Leisch, F.(2012) SEM PLS: Structural Equation Modeling Using Place Partial Least. Journal du logiciel statistique

Olabutiyi, Moïse. E. (2006). Guide de l'utilisateur à l'analyse Path .. Maryland: University Press of America

Sarwono, J. (2008). Mengenal AMOS untuk Análisis Modèle d'équation structurelle.

Sarwono, J. (2013). Kupas Tuntas Prosedur - Prosedur Regresi dan 'arbres de décision de l'Dalam IBM SPSS: 12 Jurus Ampuh Regresi untuk Riset skripsi. Jakarta: Elexmedia Komputindo

Sarwono.J. () Membuat skripsi, Tesis dan Disertasi dengan PLS SEM. Yogyakarta: Andi Penerbit

Sarwono, J. () Modélisation par équations structurelles. Jakarta: Penerbit Salemba

Schumacker, Randall E. and Richard G. Lomax. (1996), le guide du débutant à la modélisation d'équations structurelles. New Jersey: Lawrence Erlbaum Associates Inc

Toit, MD & Toit, SD (2015) interactive LISREL: Guide de l'utilisateur. Scientific Software International, Inc.

Wijanto, S.H.(2008) Structural Equation Modeling dengan LISREL 8.8. Konsep dan Tutorial. Yogyakarta: Penerbit Graha Ilmu

A PROPOS DE L'AUTEUR

Jonathan Sarwono est actuellement directeur de l'assurance qualité à l'Université internationale des femmes de Bandung, en Indonésie. Il est également conférencier dans certaines universités à Bandung et à Jakarta, ainsi que formateur en statistiques dans plusieurs entreprises à Jakarta. Jusqu'à présent, plus de 50 ouvrages ont été écrits sur les statistiques sous IBM SPSS, EVIEWS, LISREL, SmartPLS, AMOS et STATA. Parallèlement, il écrit plusieurs livres sur la méthodologie de recherche et les technologies de l'information. Les livres ont été publiés dans le pays et à l'étranger ainsi que vendus à l'étranger. Il peut être contacté via son site Web, http://www.jonathansarwono.info ou par courrier électronique, jsarwono007@gmail.com

www.ingramcontent.com/pod-product-compliance
Lightning Source LLC
Chambersburg PA
CBHW031631210526
45464CB00004B/1849